世界五千年

科技故事丛书

卢嘉锡题

世界五千年科技故事丛书

# 阿波罗计划

## 人类探索月球的故事

丛书主编　管成学　赵骥民

编著　李立志　李海印

吉林出版集团 | 吉林科学技术出版社

**图书在版编目（CIP）数据**

阿波罗计划：人类探索月球的故事 / 管成学，赵骥民
主编. -- 长春：吉林科学技术出版社，2012.12（2022.1 重印）
　ISBN 978-7-5384-6366-8

Ⅰ.①阿… Ⅱ.①管… ②赵… Ⅲ.①月球探索－普及
读物 Ⅳ.① V1-49

中国版本图书馆CIP数据核字（2012）第275136号

## 阿波罗计划：人类探索月球的故事

主　　编　管成学　赵骥民
出 版 人　宛　霞
选题策划　张瑛琳
责任编辑　张胜利
封面设计　新华智品
制　　版　长春美印图文设计有限公司
开　　本　640mm×960mm　1/16
字　　数　100千字
印　　张　7.5
版　　次　2012年12月第1版
印　　次　2022年1月第4次印刷

出　　版　吉林出版集团
　　　　　吉林科学技术出版社
发　　行　吉林科学技术出版社
地　　址　长春市净月区福祉大路5788号
邮　　编　130118
发行部电话/传真　（0431-81629529　81629530　81629531
　　　　　　　　　　81629532　81629533　81629534
储运部电话　0431-86059116
编辑部电话　0431-81629518
网　　址　www.jlstp.net
印　　刷　北京一鑫印务有限责任公司

书　　号　ISBN 978-7-5384-6366-8
定　　价　33.00元
如有印装质量问题可寄出版社调换

# 序 言

十一届全国人大副委员长、中国科学院前院长、两院院士

*（签名）*

　　放眼21世纪，科学技术将以无法想象的速度迅猛发展，知识经济将全面崛起，国际竞争与合作将出现前所未有的激烈和广泛局面。在严峻的挑战面前，中华民族靠什么屹立于世界民族之林？靠人才，靠德、智、体、能、美全面发展的一代新人。今天的中小学生届时将要肩负起民族强盛的历史使命。为此，我们的知识界、出版界都应责无旁贷地多为他们提供丰富的精神养料。现在，一套大型的向广大青少年传播世界科学技术史知识的科普读物《世

界五千年科技故事丛书》出版面世了。

　　由中国科学院自然科学研究所、清华大学科技史暨古文献研究所、中国中医研究院医史文献研究所和温州师范学院、吉林省科普作家协会的同志们共同撰写的这套丛书，以世界五千年科学技术史为经，以各时代杰出的科技精英的科技创新活动作纬，勾画了世界科技发展的生动图景。作者着力于科学性与可读性相结合，思想性与趣味性相结合，历史性与时代性相结合，通过故事来讲述科学发现的真实历史条件和科学工作的艰苦性。本书中介绍了科学家们独立思考、敢于怀疑、勇于创新、百折不挠、求真务实的科学精神和他们在工作生活中宝贵的协作、友爱、宽容的人文精神。使青少年读者从科学家的故事中感受科学大师们的智慧、科学的思维方法和实验方法，受到有益的思想启迪。从有关人类重大科技活动的故事中，引起对人类社会发展重大问题的密切关注，全面地理解科学，树立正确的科学观，在知识经济时代理智地对待科学、对待社会、对待人生。阅读这套丛书是对课本的很好补充，是进行素质教育的理想读物。

　　读史使人明智。在历史的长河中，中华民族曾经创造了灿烂的科技文明，明代以前我国的科技一直处于世界领先地位，涌现出张衡、张仲景、祖冲之、僧一行、沈括、郭守敬、李时珍、徐光启、宋应星这样一批具有世界影响的科学家，而在近现代，中国具有世界级影响的科学家并不多，与我们这个有着13亿人口的泱泱大国并不相称，与世界先进科技水平相比较，在总体上我国的科技水平还存在着较大差距。当今世界各国都把科学技术视为推动社会发展的巨大动力，把培养科技创新人才当做提高创新能力的战略方针。我国也不失时机地确立了科技兴国战略，确立了全面实施素质教育，提高全民素质，培养适应21世纪需要的创新人才的战略决策。党的十六大又提出要形成全民学习、终身学习的学习型社会，形成比较完善的科技和文化创新体系。要全面建设小康社会，加快推进社会主义现代化建设，我们需要一代具有创新精神的人才，需要更多更伟大的科学家和工程技术人才。我真诚地希望这套丛书能激发青少年爱祖国、爱科学的热情，树立起献身科技事业的信念，努力拼搏，勇攀高峰，争当新世纪的优秀科技创新人才。

# 目　录

人类对月球的憧憬/011

"阿波罗"计划/015

神奇的月球飞船/022

惊心动魄的试验飞行/031

"阿波罗11号"发射盛况/040

飞向月球/050

降落月球/064

月亮探测/073

飞离月球/085

胜利凯旋/090

"阿波罗12号"重返月球/102

"阿波罗13号"登月遇险/105

其他几次登月探险/110

# 人类对月球的憧憬

月球是距离地球最近的天体，数十亿年来它宛若地球一个忠实的情侣，在茫茫无垠的太空中，相依相伴，默默地运行着。月球是地球的卫星，它时刻不停地在围绕地球运转，忠贞不渝，无怨无悔。人们喜爱明媚月光下那迷人的景色。每当晴朗的夜晚，人们面对九天皎月，都会引发无限遐思……

自古以来，人们就把月亮看做美的化身、美的源泉。人们用最绚丽的色彩去描绘它，用最美好的语言去赞美它。人们更梦想有朝一日能亲身到月球上去，领略一下月宫的壮丽，亲眼看一看漂亮的嫦娥姑娘。

相传在尧的时代，天上有10个太阳，烤得大地火一样的热。河流、湖泊都快干涸了，禾苗、草木也都枯死了。

老百姓缺粮吃、没水喝，饿死、热死、渴死的人越来越多。这时身为国君的尧，看到天下苦难的情景心急如焚，赶紧请求天帝拯救万民。于是天帝命令天庭最出色的射手后羿带着他美丽的妻子嫦娥一同到人间拯救人类。

英武的后羿用他那红色的弓箭一连射下九个太阳，只留下一个太阳朝升夕落，造福人间。后羿准备回天庭复命。然而天帝却命令天神告知他，永远也不许他再回天庭了。原来被他射杀的九个太阳都是天帝的儿子。

后羿只好和嫦娥流落人间了。他内心无比忧伤，尤其令他内疚的是连累了嫦娥。于是他决定冒险去西昆仑山向西王母讨取长生不老之药，献给妻子。后羿历经千难万险，终于见到西王母。西王母对后羿深表敬佩，并赐给他长生不老的神药，叮嘱他说："这神药你们吃下，都可以长生不老。倘若你一个人全吃下，还可以升天成神。"

后羿辞别了西王母回到嫦娥身边，向嫦娥叙述了求药的经过和西王母的话，并把神药交给嫦娥。

在一个月色晴朗的夜晚，嫦娥竟偷吃了全部神药。这时，奇迹发生了，嫦娥只觉得身子轻飘飘的，随即离开了地面向天空飘去。夜空中的月亮又圆又亮，嫦娥也无处可去决定向月亮奔去。

来到月亮上，嫦娥见到了广寒宫，见到了吴刚不停地砍伐永远也砍不倒的桂树，还有一只可爱的小白兔。孤独和悲哀不觉袭上了心头，可是后悔已经太晚了……

"嫦娥奔月"的故事，在我国古代广为流传，反映了古人对月球的强烈向往之情。

人类对月球的美好憧憬，在诗人的笔下化作脍炙人口的千古佳句："明月几时有，把酒问青天，不知天上宫阙，今昔是何年……"我国宋代大诗人苏轼的这首词，广为传颂，也正表达了人们对月球的无限情思。

人类对月球的强烈向往，激发了无数文学家丰富的想象力和创作灵感。于是关于登月题材的科幻小说应运而生。如1649年法国著名作家西拉诺·德贝拉克的小说《月球旅行记》和1835年美国作家埃德加·爱伦·坡的小说《汉斯·普法尔历险记》，这两部著名的科幻小说都叙述了主人公飞往月球的故事。还有法国作家儒勒·凡尔纳的小说《从地球到月球》，就是根据由牛顿万有引力定律推理得出"物体以每秒11千米的速度从地球出发是可以到达月球的"，这一结论而写的。尽管小说在科学性上不很严密，但却有较高的文学价值，在鼓动人们飞往月球方面发挥了巨大的作用。

俄国伟大的宇航学家，著名科幻小说家齐奥尔科夫斯基在从事宇航研究工作的同时，为了向人们宣传他的主张，从1896年开始，利用10年时间，写成了《在地球之外》这部极为严肃的科幻小说。在这部小说中，他花费了大量的心血，融进了他的研究成果。小说生动地叙述了主人公们在21世纪乘坐一艘巨型的"火箭宇宙船"，去宇宙旅行并成功进行了月球探险的动人故事。这部小说可称之为科幻小说中的珍品，不仅具有一定的文学价值，更重要的是它具有珍贵的科学价值。书中关于"宇宙枪"和"宇宙游泳"的记叙几乎和现在宇宙旅行中实施的情况相差无几。尤其是书中用小型的月面着陆船在月球降落的构想，也和现代的"阿波罗"宇宙飞船的月面着陆有着惊人的相似。可是齐奥尔科夫斯基却万万没有料到，他在小说中的21世纪登月的幻想，竟会在20世纪60年代就变成了现实。

1969年7月，美国宇航员阿姆斯特朗和他的同伴乘坐"阿波罗11号"宇宙飞船成功登上了月球，首次完成了登月旅程，实现了人类远久以来的登月梦想。

# "阿波罗"计划

　　1969年7月20日，这是世界宇航史上一个极不寻常的日子，美国"阿波罗11号"宇宙飞船上的两位宇航员在这一天成功地登上月球，人类历史上一个伟大奇迹在这一天诞生了。

　　自从7月16日"阿波罗11号"宇宙飞船发射升空以来，全世界都在密切注视着它，因为它代表着人类的希望，它将要去实现人类的梦想。几亿人从电视和无线电里关注着登月宇航员的一举一动。当时针指向格林尼治时间4时7分时，一个震撼世界的声音终于从遥远的月球传来："登月成功了！"喜讯传来，全世界都为之沸腾了，人们无不为之欢欣鼓舞，他们奔走相告，热烈庆祝这一人类征服宇宙的伟大胜利！

这一天，"阿波罗"计划也成了全世界的新闻热点，成了人们街谈巷议的热门话题。世界各大报纸杂志、广播、电视都在显要位置报道了阿波罗登月成功这一爆炸性新闻。

阿波罗计划的正式提出，是在苏联第一艘载人宇宙飞船发射成功一个多月后，即1961年5月25日，上任不久的美国总统肯尼迪在国会上宣布的。他在国会演说中十分自信地说："我认为我们的国家在20世纪60年代结束之前，应当承担起把人送上月球并使之安然返回地球的使命……"这就是美国的登月计划，称为"阿波罗"计划，由美国国家航空和宇宙航行局负责组织实施。"阿波罗"是古希腊神话中的"太阳神"，它掌管着诗歌、音乐和医学，代表着光明和希望，并且它和"月亮女神"阿尔特米斯是双胞胎。登月计划以"阿波罗"命名，表达了美国登月的决心和希望，也包含着请求太阳神保佑成功的吉祥含义。

肯尼迪总统在宣布这项重大决定之前，经过了专家们充分的论证并得到支持：当时宇航科技的发展，尤其是火箭技术和载人航天的出现，已具备了登月的条件；此外，当时正处在美、苏航天竞争的关键时刻，美国面临苏联航天竞争的严峻挑战，因此促使其果断作出登月决定。

众所周知，第二次世界大战结束后，美、苏两个世界强国，为了显示各自的国际地位和实力，在宇航这个十分敏感的高科技领域首先展开了竞争。双方都在发展火箭技术方面下了一番工夫。

1961年4月12日，苏联第一艘载人宇宙飞船"东方1号"发射成功。宇航员加加林成为第一位太空飞行的人。这是宇航史上又一个重要的里程碑。1961年5月5日发射了"自由7号"载人宇宙飞船，但"自由7号"仅进行了弹道飞行，没有进入绕地球运行的轨道，飞行时间15分23秒，飞行高度185千米，飞行距离485千米。美国也十分清楚，这是不能与前苏联的"东方1号"绕地球运行1周、飞行1小时48分相提并论的。相比之下，苏联要更胜一筹。

在美、苏宇航竞争的初期，苏联明显地领先了。在美国看来，这严重损害了美国的国际形象。1961年1月20日，在所谓"空间差距"的紧张气氛中，年轻好胜的肯尼迪就任美国总统。为了扭转这种局面，赶超苏联，肯尼迪和相关专家们反复商量、讨论，一致认为美国只有载人在月球着陆，才能赶超苏联，并提出了在20世纪60年代登月的确切计划。就这样，规模庞大、举世瞩目的登月计划——"阿波罗"计划便被确定下来，并列入美国20世纪60年代的国家目标。计划预计耗资200多亿美元，由美国航空和宇宙航行局组织实施。

"阿波罗"计划确定后，首要问题是确定切实可行的登月方案。专家们提出几种可供选择的方案：

第一种方案是"直接登月法"，使用超大型的火箭将宇宙飞船直接射向月球，直接在月球着陆。这种方案的优点是简单而又直接，不利的是需要特大型的火箭——要研制如此强大的火箭是十分困难。另外，宇宙飞船降落月球时的安全性也无法保证。

第二种方案称为"地球轨道会合法"，即将登月宇宙飞船分作5个部分，用较小的火箭把它们分别发射到环绕地球的轨道上，再由宇航员在那里把它们组装起来。但是要求5次分开发射，在时间上不能有一点儿偏差，这样才可以组装起来。否则后果将不堪设想。

第三种方案称作"加油飞机法"，即先送一加油飞机进入地球轨道，作为登月宇宙飞船的一个"轨道加油站"。当宇宙飞船进入轨道后，在那里加注所需燃料，再发动火箭。这种方案可不使用巨型火箭，但在轨道中加燃料，特别是使用过度冷却的液态氢是十分危险而复杂的。

第四种方案是"月球表面会合法"，即在无人驾驶的太空船上将部分燃料和供应品用火箭送往月球表面，待到登月宇航员在月球上登陆后，在他们回航时添加燃料及供应品。不过这样做也存在着极大的危险，一是无法知道降落月球的物品是否损坏，二是宇航员降落地点若离供应品太远则无法使用。

第五种方案称为"月球轨道会合法"。这种方案设计的登月过程和具体技术虽然非常复杂，但却具有一定的可行性。其设计的登月过程是：三位宇航员乘坐一艘宇宙飞船，飞船由指令舱、服务舱、登月舱三部分组成，指令舱是三名宇航员在飞行期间居住的地方；服务舱里装载有火箭燃料及氧气；登月舱用于在月球上着陆，有独立的火箭系统。当宇宙飞船进入绕月运行的轨道后，两位登月的宇航员进入登月舱，再将登月舱与飞船主体分离，分离后登月舱引发倒退火箭使之慢慢降落月面。第三位宇航员则在指令舱内继续绕月飞行。当他的两位同伴完成月面工作任务后，他们就点燃登月舱的火箭，升离月面与绕月飞行的飞船主体会合，对接后两人回到指令舱内，这时把登月舱拆开抛弃，任其绕月运行，以减轻主船的负担，然后点燃火箭开始返航。当他们接近大气层时再点燃火箭使速度降低，接着把服务舱也拆脱扔掉，只留指令舱回到地面。

经过专家们仔细研究、论证、筛选，比较了各种方案的利弊和可行性，最后选择了"月球轨道会合"方案。这种方案的优点是显而易见的，使用小的登月舱降落月球只需用少量的火箭燃料，就像大轮船停泊在海洋中用小艇靠岸跟码头联系一样，并且登月舱可拆开留在月球轨道里，使回程中不用负担其重量。

登月方案选定后，相应的火箭的大小、发射场的规模、宇宙飞船的形式等也都随之确定下来。这时时针已指向1962年7月21日，距1969年底这个带有期限性的目标仅有6年多时间了。为此美国航空和宇宙航行局立即投入大量人力、物力、财力，紧张而有秩序地开展实施计划的各项准备工作。

他们设计制造了长18米、重45吨的大型阿波罗登月飞船，设计制造了发射阿波罗飞船的"土星——5号"运载火箭。然后他们又把阿波罗登月飞船和"土星5号"火箭组装在卡纳维拉尔角的发射台上。

为了未来的登月飞行，美国航空和宇宙航行局挑选和培训了一大批宇航员，进行了多次试验飞行，成功地进行了会合对接试验。他们全面收集了能够收集到的关于月球的所有资料，并对月球进行了多次无人探测，最后选定了月球登陆的地点。到1969年7月，他们终于完成登月飞行前的各项准备工作。

1969年7月16日美国东部时间9时32分，首次登月的"阿波罗11号"发射升空，经过102小时45分的飞行，于7月20日顺利在月球着陆。宇航员阿姆斯特朗和奥尔德林成功地踏上月球，实现了人类登月的伟大壮举。两位宇航员在完成月面工作后，于7月24日安全返回地球。

"阿波罗11号"登月成功以后，美国又相继发射"阿波罗12号"至"阿波罗17号"6艘宇宙飞船登月，除"阿波罗13号"因中途遇险而返回外，其余的均成功登上月球，先后有12人抵达月面。他们在月球上装置了25种自动测试仪器、6个月震仪、5座核动力实验站，存放了3辆月球车，并采集月球岩石和土壤样品472千克，供给世界上70多个国家的上百个研究所或实验室进行研究。

"阿波罗"计划从开始到最后一次登月结束，历时11年，是迄今为止规模最大的一次宇航活动。先后有40余万人，数万名科学家和工程技术人员，2万多个工厂、企业和150余所大学、科研机构参加了这项伟大工程，耗资达250多亿美元。其参加人数之多、耗资之巨均为举世无双。但它不仅开辟了人类通往月球的道路，扩大了人类的空间视野，同时对于天文学研究，对人类征服更广阔的宇宙太空提供了信心和力量。

# 神奇的月球飞船

　　人造卫星上天，要靠火箭来发射；人类遨游茫茫太空，需要乘坐速度极快的宇宙飞船。目前，人类登月靠的是神奇的月球飞船。可以说，月球飞船是目前人类登月的"天梯"。月球飞船也称"土星——阿波罗"。它由规模巨大的"土星5号"火箭和安装在其上的阿波罗宇宙飞船所组成。它是美国国家航空和宇航局专门为载人登月而研制的、可乘坐3人的特大型宇宙飞船。月球飞船的建造，是一项划时代的伟大工程。它是成千上万名科学家和工程技术人员辛勤工作的结晶。

　　按照选定的登月方案，通过计算得出，阿波罗宇宙飞船长18米、重45吨，它是美国继"水星"飞船和"双子座"飞船之后的第三代宇宙飞船，比以往制造的飞船都要复杂得多。由于阿波罗宇宙飞船在往返月球的漫长飞行中，要经受极高的温度、极大的压力和巨大的冲击，这就要求它必须坚固、耐高温和高压。为了确保阿波罗宇宙飞船能够胜任登月飞行，专家们设计飞船时，先制造阿波罗宇宙飞船的模型，然后把它放到模拟器中进行试验。模拟器可以产生与太空飞行过程中相似的条件。他们用一种称作"气枪"的设备来试验显示宇宙飞船重返地球大气层时可能会出现的情况，将宇宙飞船模型以每小时32000千米的速度射入一个圆筒状的管道中。在管道另一端喷射炽热的高温气体，对飞船模型产生巨大的压力和摩擦力与阿波罗宇宙飞船登月后重返大气层时的情况相类似。设计专家们经过反复多次实验，取得了足够的设计数据之后，就开始设计制造真正的阿波罗宇宙飞船了。

阿波罗宇宙飞船由指令舱、服务舱和登月舱三部分组成。在发射的时候还在指令舱上安装了紧急脱险用的火箭。

指令舱是三位宇航员登月飞行时居住的地方，设有宇宙飞船的全部操纵、制导等指令装置。

指令舱是圆锥形的，高为3.23米，底面直径是3.1米。发射的重量——包括3位宇航员的体重，大约为5.9吨。在飞行过程中，它要消耗掉燃料，返回地球的时候，它要丢掉辅助降落伞，着陆的时候指令舱的重量就只有5.3吨了。指令舱被分隔成前部机械室、乘员室和后部机械室三部分。圆锥形的尖端部分是前部机械室，装有返回地球时使用的降落伞。

乘员室是三位宇航员工作、居住和生活的地方：乘员室里有三个座位契合人体的靠椅，它制作得像沙发长椅那样舒适，中央的靠椅可以放下。左边和右边的靠椅下有寝台，寝台上备有睡袋，可供两位宇航员同时睡眠。壁上设有异常复杂的仪表板和仪器柜，柜子里放有许多种装备以及食物、水、衣服和处理废物的设备。乘员室的体积是10立方米，除各种装备设施占用外，可供宇航员自由利用的空间约为6立方米。

后部机械室在圆锥形船体的底部，室里装有姿势控制用的火箭燃料和氧化剂，以及为了把它们送出去而设的加压用的氦气箱、冰槽等。

在指令舱里有五扇窗子，两扇边窗，两扇会合窗和一扇舱门窗。边窗设在左右靠椅的旁边，供宇航员拍照和观察用。三角形的会合窗在左右靠椅的末端，指令舱驾驶员可以从这两扇窗子往外望，以操纵、控制设备把指令舱和登月舱会合并衔接起来。

指令舱外壳有内外两层，外层是由几层铜合金和不锈钢板做成的，内层是由几层钛合金板和铝合金板做成的，内外舱壁之间有蜂窝状的隔热层。内层是密封的，使乘员室里的氧气不会泄漏出来。

指令舱的外壳上有厚厚的一层合成树脂的耐热材料。耐热材料的厚度，底面部分约为7厘米，而在侧壁和舱头部分是2厘米，它的重量约为1.4吨。指令舱里装入1/3个大气压的纯氧，气温调节在24℃左右。

服务舱位于指令舱的下端，呈圆筒形，直径为3.9米，高为7.37米。在舱的下端装有在真空中可以产生9.3吨推力的火箭发动机。在飞行途中校正飞船轨道，在到达月球附近时逆喷射、减速，进入环绕月球轨道，或在脱离环绕月球轨道、返回地球的时候，都要使用这个火箭。在服务舱的外壁，带有4个十字形的姿势控制火箭。服务舱里装有供上述火箭使用的燃料、氧化剂、燃料电池和宇航员呼吸用的氧气等。总重5.2吨，空舱重25吨。

服务舱和指令舱的各种装置是按可以飞行14天的要求设计的，食物和氧气也按照可以供14天使用的数量装入。

登月舱是专门执行登月任务的。它有个奇怪的机身架，有4只细长、有关节的支脚，看上去像是一只活的大蜘蛛。因此也有人称它为"月球蜘蛛"。登月舱在发射阶段放在服务舱下面第三级火箭顶部的金属罩里。飞船进入奔月轨道以后，指令舱和服务舱与第三级火箭的顶部分离，旋转180°，指令舱的圆锥顶部对准登月舱，并且跟它对接。

指令舱和登月舱之间有直径80厘米的通道，通过这条通道，宇航员可以在指令舱和登月舱之间通行。

登月舱由上升段和下降段两部分组成，总高度为6.99米，4只底脚延伸时候的直径是9.45米。登月舱包括火箭的燃料重量为14.7吨，除掉后的重量是4.1吨。

登月舱的上升段设有乘员室，两位宇航员可利用的空间是4.5立方米，室内没有座位，宇航员只能站着操作，用带子松松地套着身子。在他们面前和两边设有向导、通讯、环绕和推进系统。在驾驶长位置的头上，左面是一个窗子，他可以从窗口望出去，将登月舱驶回，和指挥舱会合衔接。在宇航员的脚下是前门舱口，宇航员可以从这里离开登月舱。乘员室里充满了1/3个大气压的纯氧气，气温调节在24℃左右。登月舱的下降段装有登月舱向月面降落减速使用的逆喷射火箭，并备有火箭的燃料、氧化剂槽、水和氧气槽，还装有调查月面的科学仪器。下降段在上升段飞离月面的时候还起发射架的作用。当上升段升离月面后，它的下半截包括四个弹性支脚在内，再也用不着了，会永远留在月球上。

从"阿波罗11号"到"阿波罗14号"，登月舱里的氧气、水、电池等的数量都是按登月舱离开母船后可以活动48小时来设计的。扣除下降的时间和上升段飞离月面和母船对接的时间，乘坐登月舱的两名宇航员实际可以在月面停留的时间最多不过35小时。在"阿波罗15号"以后的宇宙飞船，由于设计上进行了改进，登月舱离开母船后的活动时间大幅度增加。"阿波罗15号"的登月舱离开母船后活动了78小时50分，其中66小时55分是在月面逗留的。

在阿波罗宇宙飞船发射的时候，指令舱的上端装有紧急脱险用的塔状发射脱险装置，也叫救生塔。如果发射时"土星5号"火箭发生故障，救生塔可以依照命令启动自身的火箭，将飞船与"土星5号"火箭拉开，把飞船射到海洋安全脱险。如果发射一切顺利，飞船便会将脱险装置抛弃，让它落入大海。救生塔的长度包括下端的燃料库和保护外壳约10米，重3.6吨。本体部分的直径是66厘米，保护外壳的下端部分的直径是1.2米。救生塔用的火箭使用固体推进剂。

科学家们还针对发射飞船的巨型火箭进行研究、设计和制造。据科学家们计算，要把大型阿波罗宇宙飞船送到月球上去，需要一枚足球场那么长的巨型超级火箭。它的推力要比以往推力最大的火箭还要大4倍多。这项艰巨任务由著名火箭专家布劳恩出任总设计师。他把这种火箭命名为"土星5号"火箭。

出身于德国的布劳恩博士，早年在德国佩内明德火箭中心从事V—2火箭的研制工作，二战后，辗转到美国，继续从事导弹、火箭的研究工作。他是美国宇航事业的关键人物，任美国国家宇航局马歇尔空间飞行中心主任。接受研制"土星5号"火箭的任务后，布劳恩和他的研究小组立即投入了紧张的设计工作中。

在"土星5号"火箭设计制造过程中，布劳恩及他的研究设计小组同制造厂商们一起，经历了无数次常人难以想象的挫折和失败的考验，但他们知难而进，不畏艰辛，终于如期完成了"土星5号"火箭的设计制造工作，为载人登月作出了不朽的贡献。

"土星5号"火箭是当时世界上推力最大的巨型超级液体燃料三级运载火箭。它高85米，直径10米，重2750吨，共有11台发动机，总推力达3400吨，可以把127吨重的卫星送上地球轨道。

"土星5号"火箭的第一级由波音公司制造，第二级由北美航空公司制造，第三级由道格拉斯飞机公司制造。

第一级火箭（s—1G）位于底部，是其中推力最大的也是引发最早的火箭。它高42米，用煤油和液态氧做推进剂〔里面装有4000桶容量（每桶容量200升）的煤油〕。若这些煤油用在大型喷气客机上，可以在美国旧金山和上海之间往返六次多；但是用在这个超巨型火箭上只够燃烧2.5分钟。第一级火箭由5台逻克迪纳F。型发动机推进，每台发动机推力是686.68吨，这一级总推力为3433.4吨。如此巨大的推力足以将月球飞船送入61千米高空，达到每秒2.73千米的速度。

第二级火箭（S—Ⅱ）位于第一级之上，是当时制造的最强大的氢燃料火箭。它高约25米，直径10米。它的燃料箱里装有1216964升的过度冷却的液态氢和39550升的液态氧。用5台逻克迪纳J—2型发动机推进，每台发动机推力达到102吨（总推力为510吨）。它燃烧大约6分钟，使月球飞船达到185千米的高空，达到每秒6.83千米的速度。

第三级火箭（s—IVB）也使用液态氢作燃料。它高17.9米，直径6.6米，携带286398升的液态氢和90920升的液态氧。它用一台逻克迪纳发动机推进，推力为102吨。

"土星5号"火箭顶部有个约90厘米高的部分，那是火箭的电子计算机。这台计算机发出信号将指令送到火箭的各级去，使发动机点火、停息和检查它们的操作情况。

为了建造和发射阿波罗飞船和"土星5号"火箭，美国从1963年4月起，开始在肯尼迪宇航中心建造了世界上最大的组装大楼。这座大楼高160米，长218米，宽158米，有一扇高140米的T字形大门，总占地面积30多公顷。工程历时2年，于1965年4月交付使用。

工作人员通过陆路和水路把月球飞船的各个部分运到组装大楼，在一个叫做"活动发射架"的钢起重架上装起了月球飞船。起重架有150米高，是一座有17层平台的高塔。工程人员在平台上把"土星5号"火箭和阿波罗宇宙飞船组装起来。

　　组装工作一结束，另外几百名工程师便立刻用计算机和其他电子仪器测试每一部分，直到每个器件都能正常地进行工作后，再着手把流动发射架连同月球飞船一起运送到发射场上去。这项工作非常艰难，活动发射架和月球飞船大约共重8000吨，并且还要在保持垂直和平稳的状况下运送。为此，工程师们专门设计了两台巨型履带式运输车。运输车长44米，宽38米，每台车上有半个足球场那么大的平台。专门为这种运输车修了一条宽阔坚实的水泥路，为了能承受巨大的重量，水泥路有两米多厚。运输车有18台强大的发动机，用8条履带向前移动。

　　巨大的吊车把流动发射架吊到运输车平台上。两辆运输车连在一起，在履带上缓慢地爬行。它们的重量竟使厚厚的水泥路下陷了3厘米。从装配大楼到发射场的距离只有5千米路程，运输车走了4个多小时。在发射场，月球飞船被竖立在巨大的混凝土发射台上。它的高度超过110米。

　　经过许许多多科学家和工程技术人员的艰辛的努力，月球飞船这个庞然大物巍然屹立在卡纳维拉尔角的发射台上，等待着起飞的命令。

# 惊心动魄的试验飞行

　　进行各种必要的试验飞行，是实际登月飞行前的一个重要环节。如，人在宇宙空间能生存多久？宇航员能否活着到达月球？能不能安全地回到地面？在失重的状况下能不能行走和工作？宇航员能否完成"阿波罗"计划中的各种复杂作业？另外通过试飞还可能发现宇宙飞船和火箭存在的问题，便于及时进行改进，妥善处理。

　　1961—1969年期间，美国宇航员们进行了20次试验飞行，为登月飞行做了充分的准备。

　　最初几次试飞是使用小型的"水星"飞船进行的。这种飞船长约3米，只能载一个人。1962年2月20日，宇航员约翰·格林乘"水星"飞船作了首次绕地球飞行。飞船绕地球3圈，历时4小时55分23秒。在最后一次"水星"飞行中，宇航员戈登·库柏乘飞船绕地球飞行了22圈，并且在空间进行了若干实验。通过试验表明，一个人在空间能生存许多小时，空间条件不会损害他的健康和知觉。如果自动控制系统失灵，人可以自如地用手操纵飞船。

1965年初，美国用"双子座"飞船进行了更长久、更大胆的飞行。"双子座"飞船的体积和重量是"水星"飞船的2倍，可以载两个人。宇航员实验了阿波罗宇宙飞船登月所必需的各种技术，人类在空间飞行的耐力，还进行了宇宙服和"会合"、"对接"的试验。在"双子座"飞船的第一次飞行中，飞船先绕地球飞行一圈，再加大飞船的速度上升到更高的改变轨道飞行。"双子座"飞船第二次飞行时，宇航员怀特穿着宇宙服，使用宇宙枪在宇宙空间作了20分钟的空间行走（宇宙枪是以过氧化氢作为推进剂的小型手握式气体喷射枪，利用它的反作用力宇航员就可以在宇宙空间活动）。这个实验证明，人可以离开飞船并能安全地回来。"双子座"飞船的第三次飞行，主要试验人在空间能生存多长时间？

两位宇航员库柏和康拉德作了为期约8天的飞行。

4个月后，博尔曼和洛弗尔乘坐"双子座7号"飞行了330小时35分。他们在空间呆了将近2个星期。博尔曼和洛弗尔在空间飞行时，"双子座6A"飞船的两位宇航员希拉和斯塔福特试图与他们会合，这是又一个重要的试验。希拉和斯塔福特所乘飞船逸出轨道向高处爬，跟博尔曼和洛弗尔在太平洋上空相会。两只"双子座"飞船相距不到1米。宇航员们兴奋地笑着，互相招手致意，他们还用无线电交谈了几分钟。然后，希拉和斯塔福特离开他们的两个朋友，先回到地球。博尔曼和洛弗尔则继续在空间飞行。

在这次成功的实验之后，乘坐"双子座8号"飞行的宇航员阿姆斯特朗和斯科特进行了首次对接试验。在他们飞行前约100分钟，向空间发射一枚"阿吉纳"火箭。这两位宇航员驾驶飞船追上去，在距地球160千米的高空与火箭相遇。"双子座"飞船的顶端对着"阿吉纳"火箭的尾部。飞船和火箭一起绕地球飞行了6圈。接着，飞船的电路不幸出了故障，几乎酿成一场严重的事故。连在一起的飞船和火箭急速旋转，阿姆斯特朗和斯科特设法将火箭拆离，这才幸免于难。

"双子座9号"的宇航员斯塔福特和塞尔南也做了对接试验，不幸的是因为火箭出了技术故障而失败。

"双子座10号"的宇航员柯林斯和约翰·杨驾驶飞船分别跟两枚火箭进行会合并对接。他们先在低轨道上跟第一枚火箭会合并对接，然后爬到760千米高处与第二枚火箭相遇。这时，他们抛开第一枚火箭去跟第二枚火箭对接，获得了成功。完成对接后，柯林斯决定去空间行走。他从容不迫地离开飞船，飘游到"阿吉纳"火箭旁，对火箭进行检查。他从火箭那里收集到一些"空间尘埃"后回到飞船。在这以前，还没有人在空间碰过其他物体。

"双子座11号"的两位宇航员又一次和目标卫星对接、分离成功。

在"双子座"飞船的最后一次飞行中，宇航员洛弗尔和奥尔德林成功地进行对接、分离试验后，奥尔德林又离开飞船长达5个多小时，检验失重对行动的影响。结果表明人在月球上应该是能够工作的。

"双子座"10次载人飞行，共计40天9小时53分，取得了不少经验，回答了许多使科学家们疑虑和担心的问题，为阿波罗宇宙飞船的登月飞行成功创造了有利条件。

"双子座"飞船的试飞结束后，接下来的是乘坐阿波罗宇宙飞船的一组试验飞行了。阿波罗飞船上可乘坐三人，因此宇航员三人一组，计划在阿波罗飞船中进行4次试验飞行。这也是正式登月飞行前的最后一组试验飞行了。按原定计划，这组试验飞行从1967年初开始进行。可是，正在准备试飞时，阿波罗飞船发生一场严重的火灾。无情的大火夺去了准备参加阿波罗飞船第一次试验飞行的3位优秀宇航员的生命，也使原计划向后推迟了近2年时间，并对整个"阿波罗"计划产生了巨大冲击。

事故发生在1967年1月27日，3位穿着宇宙服的宇航员进入安放在一枚巨大的火箭顶端的距地面约65米高的阿波罗飞船。他们是31岁的海军少校查飞、空军中校格里森和空军中校怀特。他们和发射场工作人员在为一次遐想的飞行做最后的准备。由于火箭没有装进燃料，所以大家并不认为这是一次冒险的试验。3位宇航员进入飞船后，指令舱舱门关闭和密封了，舱里充满了纯氧。这是阿波罗飞船等待升空时加压力的情形。火灾发生前，他们正在检查操纵装置。突然其中一人大声惊呼："火！火！"一阵强烈的闪光过后，整个指令舱立刻充满了浓烟和火焰。人们看见火光，便急忙前去救他们。救援人员冲进浓烟烈火，费了好大的劲才打开舱门。这时3位宇航员已经死了。格里森仰卧在指挥舱的地面上，他曾爬到这里试图逃离大火；怀特在最后时刻放弃了打开舱门的企图，横躺在宇宙飞船的舱门下；查飞则躺在他的靠椅上。他们永远地离开了他们心爱的岗位。

大火惨案以后，专家和工程师们对阿波罗宇宙飞船进行了认真详细地检查，没有发现机械差错，却发现了飞船设计上有几处缺陷，他们对飞船又作了多处改动，设置了许多新的安全设备，如迅速打开舱门的设备。

阿波罗飞船的火灾给"阿波罗"计划带来了巨大损失，事故的阴影笼罩在许多人的心头。可是不久，"阿波罗"计划的工程技术人员又从挫折和失败中重新振作起来，也许是格里森生前的那段话带给他们以信心和力量。

他说过："若是我死了，大家要把它当做寻常事。我们所做的，是一种冒险的事业，我希望，万一我发生意外，不要耽搁计划的进行。征服太空是值得冒生命危险的。"

阿波罗飞船试验飞行于1968年10月又开始了。希拉、艾西尔和坎宁安三位宇航员乘坐"阿波罗7号"宇宙飞船在空间飞行了将近11天，绕地球飞行了163周，没有出什么问题。宇航员们在飞船上过得也相当愉快，他们时而和指挥中心的人开玩笑。他们拍摄了几百张地球的照片和一次飓风风眼的照片。10月22日他们驾驶飞船降落在百慕大以南波涛汹涌的海面上。不久便安全返回了基地。

两个月以后，1968年12月21日，博尔曼、洛弗尔和安德斯三位宇航员乘坐"阿波罗8号"宇宙飞船，作了首次绕月试飞。由于当时登月舱尚未完成，他们只使用指令舱和服务舱。关于这次飞行，英国焦德尔班克射电天文台的一个科学家事先认为"这次飞行完全是愚蠢行为，3位宇航员也许永远不能返回地面"。

"阿波罗8号"的飞行极为顺利，经过69小时12分的飞行，进入环绕月球的轨道。在这里3位宇航员亲眼目睹了千百年来人们所向往的月球世界，清楚地看到了月面上许许多多大小不一、相差悬殊的圆形坑穴，也看到了月面上分布的许多连一滴水也没有的"瀚海"。

3位宇航员通过飞船的窗口俯瞰了月球的景色，并把他们所看到的报告给地面。

首先映入宇航员眼帘的是朗格林诺斯环形山，宇航员洛弗尔向地面报告说："我们现在正飞过朗格林诺斯环形山。这是一座非常大的环形山，环形山内是一个接近圆形的大坑。正前方是'丰富海'，变得越来越宽阔。"朗格林诺斯环形山的直径136千米，高3千米，四周都很陡峭，坑底平坦宽阔，中央还有高山耸立着。

当飞船飞过"丰富海"，来到"静海"上空时，宇航员们仔细地观察了"静海"的五处可供阿波罗飞船登陆的地方。因为首次登月的飞船将在这里降落。飞船飞行到月球背面，宇航员安德斯在第一次看到月球背面时感叹地说："这里的情景像战场一样，坑穴重叠，群山环抱。"

当飞船飞行第二圈时，宇航员将他们的电视摄像机对准月球，在上午7时29分开始播送照片。不仅休斯敦控制中心清楚看到，全世界几百万个家庭（只要有电视）都能看到。

宇航员们在月球轨道飞行时，有幸观察到奇特的月球日出，成为见到月球日出的第一批人类。

环绕月球飞行10圈以后，"阿波罗8号"服务舱的主发动机发动，飞船反冲出月球轨道，进入归还地球的行程。12月27日，"阿波罗8号"平安地在太平洋的预定海域降落。

　　1969年3月3日，美国发射了"阿波罗9号"宇宙飞船。这次试飞的目的是在地球轨道内试验刚刚完成的登月舱，并练习会合对接技术。参加这次飞行的宇航员是麦克迪维特·斯科特和斯韦卡特。当飞船进入环绕地球的轨道以后，麦克迪维特和斯韦卡特进入登月舱，两个人在那里度过了约9个小时。他们试用了登月舱的各种仪器，使登月舱伸出了它的4只细长的支腿，还点燃下降引擎作了6分钟的发动。他们在登月舱里将他们的活动作了短短的电视广播，然后回到指令舱。接着，宇航员斯科特穿上月面用的宇宙服，进行宇宙游泳，以检验宇宙服的性能。

　　在此行的第五天，3位宇航员进行了会合对接实验演习。麦克迪维特和斯韦卡特从指令舱移入登月舱。与指令舱分离后，他们发动登月舱的小型火箭引擎，使登月舱远离指令舱作单独飞行。他们还作了姿势控制火箭和下降用火箭的喷射试验。单独飞行6小时20分钟后，他们开动登月舱上升火箭，飞近指令舱，进行了成功的对接。此行的任务基本完成。在其后的5天飞行里，他们练习了飞行和追踪的技能，并进行了研究地球的摄影实验。3月13日，"阿波罗9号"在大西洋上顺利降落。它落水的地方距离目标点不到2千米。

　　进行最后一次试飞的"阿波罗10号"宇宙飞船于1969年5月18日发射。此行的任务是在月球轨道上练习会合对接技术并作下降火箭和上升火箭的喷射试验。参加这次试验飞行的宇航员分别是指令长斯塔福德，指令舱驾驶员约翰·杨，登月舱驾驶员塞尔南。

"阿波罗10号"的登月舱下降到距离月面只有14.3千米处。在那里他们清晰地观察了月面情况，拍摄了"阿波罗11号"的着陆位置。斯塔福特详细描述了"静海"的"阿波罗11号"登陆地点。他说那里看上去"很平滑，像是湿的黏土，像是新墨西哥州或亚利桑那州的干涸河床"。他能够看出那里许多较小的东西——巨砾、小坑穴和月球表面的深裂缝。他们驾驶登月舱在月面附近飞行了8个小时后遇到了麻烦，爆炸螺栓突然自动地将登月舱的下降段抛开，上升段随即迅速旋转并前后猛烈颠簸起来。塞尔南叫：自动驾驶仪出故障了。斯塔福特赶紧改用手操纵装置，1分钟后他们才使上升段稳定下来。险情过后，他们开动上升火箭向上爬升并与母船对接。斯塔福特和塞尔南回到指令舱，他们关上舱门，将无人驾驶的登月舱上升段抛弃，又继续绕月飞行了1天。5月24日清晨，他们开动火箭使飞船脱离月球轨道返回地球，5月26日在太平洋的萨摩亚群岛附近平安降落。

至此，不同的乘员组已经试验了整个"阿波罗"系统，找不出它有什么毛病。这时人们已对实际登月飞行有了十足的把握并充满了信心。

# "阿波罗11号"发射盛况

　　1969年5月，在"阿波罗10号"宇宙飞船正在环绕月球飞行时，人类首航月球的"阿波罗11号"的飞行准备工作也在进行之中。这是首次登月飞行，是一次历史性的飞行，准备工作格外慎重，必须确保万无一失。

　　首先，美国国家宇航局决定1969年7月16日为"阿波罗11号"登月宇宙飞船的发射日子。为了完成这次登月任务，他们从50名宇航员中精心挑选了第一批"阿波罗11号"登月人员。3位宇航员是指令长阿姆斯特朗，指令舱驾驶员柯林斯和登月舱驾驶员奥尔德林。这三个人的年龄都是39岁，他们都曾是优秀的飞行员，他们当宇航员已有六七年历史了。每个人都参加过"双子座"飞船的空间飞行，表现都相当出色。同时还确定洛弗尔、安德斯、海斯三人为"阿波罗11号"的预备宇航员。在载人宇航中，预备宇航员是必备的，他们受到同样训练，宇航员中有谁出了问题不能飞行时，他们可以随时替换。此外，他们还要完成替正式宇航员检查宇宙飞船有无故障及准备工作是否准确无误等重要工作。

从当选为"阿波罗11号"宇航员起，阿姆斯特朗等人，又进行了几个星期的模拟训练。他们在模拟飞行装置中练习了"阿波罗11号"登月过程中的所有活动和各项工作。最重要的训练装置之一，是用来模拟"阿波罗"飞行的训练装置，用计算机和图片模拟飞行中可能出现的各种情况。这样，由于月球和星空近似逼真地出现，宇航员可以看到相应的任何一种飞行情况和飞行速度。另一个训练宇航员的重要装置是登月模拟装置。装置中有一个和登月舱一样的座位，是用附件和仪表精确制成的。阿姆斯特朗和奥尔德林借助于大型电子计算机飞登月球，整个登月阶段一直到月球表面出现月球投影为止。此外宇航员还借助于一台射线涡轮机在登月训练装置上作逼真的模拟试验。

与此同时，上千名工程技术人员，组装了规模巨大的"土星5号"火箭及"阿波罗11号"宇宙飞船。组装结束后再由几百名专家及技术人员对它们进行严格检查。一切都正常后，他们才把这个庞然大物运送到距装配大楼大约5千米远的发射台上。发射前5天是发射前的最后准备阶段。各项发射准备工作准时进行着，直接参加准备工作的3000人员使飞船做好了飞行准备，也做好了发射准备。

同时，宇航员的飞行医生贝利注意观察着阿姆斯特朗、柯林斯、奥尔德林的健康状况。他在最后的两个星期将他们放在半隔离环境。只有他们的训练同事和他们最接近的家属——若是健康的话，才可以和他们接触。在发射的前1天，本来已经安排好尼克松总统和宇航员们一起吃晚餐的，也因贝利医生的建议而取消。

登月飞行前几天，医生对宇航员进行了4小时的彻底检查，确保他们的身体状况极佳，完全适合飞行。

在发射前两晚，阿姆斯特朗、柯林斯和奥尔德林在一个30分钟全国电视广播的访问节目中，作了出发前最后一次公开露面。从3000名记者中选出4位记者向他们提出问题。这次访问是在闭路电视中进行的。穿着短袖衬衫的宇航员们在一座房屋里，记者则在10千米以外的另一座房子里。当记者问他们执行这次任务心里是否害怕时，阿姆斯特朗回答道："对我们来说，害怕并不是一种陌生的情绪，但是我们对这次探险并不担忧。"阿姆斯特朗宣布："经过10年的计划和辛勤工作，我们是愿意而且准备好努力完成我们国家的目标的。"

最后1天，3位宇航员休息。晚上，他们与培训员和预备宇航员共进晚餐，这是一次愉快的小宴会。他们上床很早，睡了6～8小时。

1969年7月16日，"阿波罗11号"飞船发射的日子来到了。这一天对于美国佛罗里达半岛中部的卡纳维拉尔角来说，是有史以来最繁忙、最热闹的一天。因为人类登月的始发站——肯尼迪宇航中心位于这里。登月飞船即将在这里腾飞。

为了方便那些成千上万到现场的观众，在靠近海岸的广阔地带设立了预备宿营地。宇航中心还为他们邀请来的1万多名客人（包括美国全部议会成员，近1百名外国大使等）建立了观察台和观察所，为来自世界各国的5000余名记者专门准备了架空观察台。

在发射前两个月，即5月份，在卡纳维拉尔角区已找不到住宿的房间。到了6月初，在距发射场100千米左右的奥尔良、德托纳比奇和韦罗几乎不可能找到旅馆或简易住宿的地方。许多人只好到距卡纳维拉尔角250千米的坦帕城订房间，然后连夜赶往卡纳维拉尔角。

午夜两点，距"阿波罗11号"的发射时间还有7个多小时，卡纳维拉尔角公路上的车辆已络绎不绝，汽车的马达声惊扰了午夜的宁静。

凌晨3点，距发射时间还有6小时，可是设在宇航中心的记者席上已座无虚席，电话声、打字声响成一片。

清晨4时15分，控制中心的扩音器里传来播音员洪亮的声音："距发射时间还有5小时17分，现在是今天将要出航的宇航员阿姆斯特朗、柯林斯和奥尔德林3人起床的时间。"医生在4点30分开始对他们的身体进行飞行前的最后一次检查。检查结果，3人的身体均适合飞行。

发射前4小时32分，即清晨5时，3位宇航员在食堂用早餐，然后分别打电话与妻子告别。

发射时间预告是从发射前34小时，也就是美国东部时间7月14日晚11时32分开始的。准备工作先从安装火箭飞行用的蓄电池开始，到发射前9小时止，完成了火箭要飞越的海面危险区的安全调查，安装了万一发生意外事故时破坏火箭的破坏装置，拆除了支撑火箭的作业塔……然后休息了6个小时，就开始了发射前9小时的紧张工作。

发射前8小时30分，预备宇航员洛弗尔、安德斯、海斯3人进入宇宙飞船，代替3位正式宇航员检查宇宙飞船有无故障，准备工作是否准确无误。

发射前8小时15分，开始给"土星5号"火箭的燃料罐装填燃料。第一级的燃料是煤油，已装填完。这时给第二级和第三级装填液态氢燃料，还要给第一级到第三级火箭装填氧化剂——液态氧。液态氢和液体氧都不能提前装填，因为它们都很容易挥发，必须低温存放（液态氧在−183℃以下，液态氢在−253℃以下），就是从发射架下的储存罐用管道向火箭燃料罐装填时也要保持超低温。总共要装填300多万升，整整花费5个多小时才全部装填完毕。

装完燃料时离发射只有3小时38分了。宇航员已在宇宙飞船中心的宿舍里用过早餐，并换上了宇宙服——表面涂氯并含橡胶和尼龙的绝缘层和涂特氟轮层的玻璃棉纺织且不易弯折的宇宙服。造价10余万美元。柯林斯的宇宙服只适用于飞船内，而阿姆斯特朗和奥尔德林的宇宙服适用于太空中——加有保暖和防范微陨石的保护层。

还有3小时7分，宇航员该从宿舍出发了。

阿姆斯特朗、柯林斯和奥尔德林同宇宙飞船控制中心的人们以及照顾他们生活的服务员一一道谢，握手告别。他们高举着右手向送别的人们致意，然后走进停在门口来接他们的一辆白色小汽车里。

这是一个美丽的早晨。太阳已经升起，灿烂的阳光普照大地，蓝蓝的天空中飘浮着几朵淡淡的白云。这是一个绝好的飞行天气。

有数百万人来到卡纳维拉尔角观看巨大的月球飞船的发射，他们来自美国各地和世界近100个国家。所有的空旷地都站满了激动的人群。

发射前2小时5分，汽车到达发射台下。巨大的月球飞船，昂首朝天。3位宇航员走下汽车，乘上发射台下的升降机，在上升到100米高处，他们先到第9号振动臂尾端处的空气调节的"白屋"里进行宇宙服的最后一次检查，然后来到指令舱的门口。他们三人依次跨入舱内，进舱后马上试验飞船上的各个系统，仔细检查各种仪器并检查了和休斯敦指挥中心进行通讯联系的通话设备。在飞行中休斯敦指挥中心将指挥飞船从起飞到降落的每一项活动，乘员组要按着他们的指令操作。在指挥中心约有4000人值班，其中有科学家、工程师、参加火箭飞船设计制造企业的工程技术人员及作过空间飞行的宇航员。这些人将仔细观察月球飞船的飞行过程，帮助解决任何可能产生的问题和困难。指挥中心通过无线电向乘员组下达指令，在电视屏幕上观察他们的一举一动。除了飞船飞经月球背面的时候外，指挥人员和乘员组将一直保持通讯联系。

指挥人员和乘员组共同检查了他们的通讯系统，没有发现任何问题。还有1小时50分，1小时40分……

随着时间的逝去，工作不断进行。宇航员认真检查了出现故障时改变飞行计划的装置。试验了救生装置。

还有43分，开始拆卸从装配塔到宇宙飞船的横桥。

还有42分！安装了紧急脱险用的悬艇和绳索。

还有40分！开始了火箭落地点的海域安全监视，戒严危险海域，不能让任何船只和飞机进入危险区。

还有20分！切断登月舱、指令舱和服务舱的通电线路，把宇宙飞船的一部分电源改换成内装电池。

还有6分！火箭、宇宙飞船最后检查完毕。

还有5分！全部工作交给计算机，由计算机通过全自动发射程序开关系统控制发射。

还有3分10秒！自动点火装置开始工作，排气阀自动开闭，罐内压力开始上升。人已不能接近。

还有50秒！把火箭电源全部改换成内装电池。

还有45秒！奥尔德林开动了用来记录飞行过程的磁带飞行记录仪。

还有10秒！

阿姆斯特朗、奥尔德林和柯林斯卧在他们的躺椅上；指挥中心的人员静坐在荧光屏前；外面的观众突然都静默下来；在全世界，有几亿人焦急地注视着电视屏幕。

最后10秒的倒计时开始了。

10，9—装置点火。8，7——"呼！"第一级发动机向下喷射出红色的火焰。

6，5，4—发动机全部工作。红色的火焰变成橘黄色喷向发射架，滚滚的白色烟雾笼罩着发射塔。

3，2，1，0，发射！

随着一阵轰鸣，月球飞船在火山爆发似的蒸气云雾中，腾空飞去。它的声音比雷声还大，几乎震聋了人们的耳朵，房屋也跟着震动起来了。

顿时，激动的人群沸腾起来，愉快的欢呼声和热烈的掌声响成一片。千百万个声音高兴地喊道："飞上去了！

飞上去了！""一帆风顺！一路平安！"

月球飞船伴随着巨大的欢呼声和惊雷般的轰鸣声飞向高空。飞船内压力巨大，宇航员卧在躺椅上看着仪器，感觉很不舒服。两分钟后，压力开始减小，他们也慢慢地觉得轻松了。

发射后2分15秒，第一级火箭5个发动机中的一个停止喷射。于是，本来直喷的火焰开始向旁喷射，犹如一把打开的伞。当"阿波罗11号"速度达到每小时9600千米，在离地面64千米的空中，第一级火箭发动机熄火了。此时"阿波罗11号"已冲出了地球大气层。宇航员收到地面指挥中心的指令：

休斯敦（以下简称休）："阿波罗11号"，我是休斯敦。飞行情况良好，准备甩掉第一级。

"阿波罗11号"（以下简称阿）：已通过水平距离78千米，准备完毕！

发射后2分42秒，"土星5号"甩掉第一级火箭，第二级火箭点火，这时高度67千米，速度为每小时9720千米。在甩掉第一级火箭的瞬间，用超级望远镜追逐火箭的屏幕上出现了火箭爆炸似的影像。接着在第一级火箭的前方出现了像白点一样渐渐远去的第二级火箭。第二级火箭又推动飞船飞到160千米的高度，时速增加到24000千米，然后脱落。这时是发射后9分11秒。接着，第三级火箭发动机启动，使"阿波罗11号"上升进入了环绕地球的轨道。之后，发动机暂时关闭。

休："阿波罗11号"，你现在已进入地球轨道。

阿：窗外非常明亮，就像坐在家里茶桌旁一样。

休：我是休斯敦。谢谢，很顺利。

阿：已关闭第三级发动机，进入轨道。远地点187千米，近地点186千米。

休：已确认进入地球轨道，请按预定计划准备工作。

阿：明白。

发射后11分40秒，月球飞船这时在距卡纳维拉尔角2650千米外，速度为每小时27612千米。飞船进入待机轨道以后，必须在绕地球一周半的2小时30分内做是否向月球进发的决定。

为了脱离地球轨道向月球进发，要再启动一次第三级发动机，这要在确保飞船在往月球的航道后进行。飞船不能直接对着月球飞（月球是绕地球运行的），它要飞行3天才能到达月球，它必须对准月球3天后到达的位置飞行。飞行航道的角度必须绝对精确，否则可能到不了月球。在飞船绕地球飞行的过程中，宇航员凭借星座确定他们的方位，并检查他们飞往月球的航道。还需检查仪器和飞船的所有电子系统，确定没有发现什么毛病。

指挥中心于是下达了飞往月球的指令。

# 飞向月球

发射后2小时24分，美国东部时间11点56分，从指挥中心发出了向月球挺进的命令。

休："阿波罗11号"，一切顺利11分钟内点火，向月球挺进！

阿：是，点火。

休：发动机动力很足，制导装置正常，雷达追踪正常！

休：已喷射5分钟，好，向月球进发！一路平安！

阿：明白。

休：计算机显示发动机停火。你们已开始奔向月球。

为了向月球进发，发射后2小时44分，第三级火箭再次发动，比预定时间仅提前了11秒，燃烧了约5分钟，把飞船的速度增加到每小时40000千米，从而使飞船脱离绕地球轨道，准确无误地进入了奔月轨道。

这时候，宇航员要完成一项很复杂的工作，就是要调换登月舱的位置。在发射的时候，指令舱在顶端，对宇航员来说，这是最安全的位置。如果发生事故，脱险装置就会把指令舱推出去，从而可使宇航员得救。登月舱则装在底部。这样，宇航员就不可能从指令舱直接进入登月舱。

他们先使登月舱和飞船分离，再点燃服务舱内的16台小型火箭发动机，以增加动力，然后把指令舱和服务舱旋转180°，掉转头往回飞，与登月舱重新对接。这时指令舱一定要和登月舱对直才行。为此，柯林斯掌握着操纵杆，利用小型发动机喷射的气体产生的反作用力来调转方向。他像在地面模拟练习一样，反复做着上下、左右、旋转等动作，变换方向和姿势，可是总不那么顺利，好不容易才掉过头来，离第三级火箭却还差30多米远（飞行计划要求在距离达20米时掉过头来进行对接）。这已经比原计划多耗费了许多燃料。柯林斯继续仔细地调整着姿势，距离在静悄悄地缩短着。指令舱前部像矛一样的连接器必须准确地插人登月舱顶部的连接孔，一旦撞击猛烈，不是撞坏就是被弹出去。

指令舱的雷达在不断地测试登月舱的方向和距离并向计算机报告，计算机马上计算出数据，向制动小发动机发出工作指令。可是，最后的微小的调整却要靠肉眼来进行。柯林斯把指令舱窗上的刻度对准登月舱上的连接目标。距离越来越近，指令舱锥顶连接器终于准确地、深深地插进登月舱的连接孔。对接后又把登月舱从第三级火箭里拉出来。

12点57分，即发射后3小时25分，完成连接行动。这时，第三级火箭已经完成了它的使命，为了使之与飞船脱离，把它剩余的燃料点燃，送它到离奔月轨道很远的绕太阳运转的轨道上去——这称为"打弹弓"。奥尔德林拍摄了脱离过程。然后他们把情况向指挥中心汇报。

休："阿波罗11号"，我是休斯敦。你们说指令舱的燃料用过了量。按原计划现在已缺少了8～9千克。不过，请你们不必担心。

阿：休斯敦，我们不着急。可是，我们本来打算要比原计划少用8～9千克。

休：遗憾得很。不过，现在的飞行一切正常，不必修正轨道。

阿：明白。

原计划"阿波罗11号"在离开地球轨道之前要进行4次轨道修正，而实际上只修正了1次，航线十分准确。

在漆黑的宇宙真空里，"阿波罗11号"从第三级火箭拖出登月舱以后，重新转变方向，把登月舱顶在指令舱顶部直奔月球。

发射后9小时，距地球已有8万千米之遥，"阿波罗11号"的速度降低到每秒2.73千米。这时"阿波罗11号"开始以每小时3次的周期均匀地在空间自转飞行，就像在火堆上烤羊肉串那样。否则在真空的宇宙里，宇宙飞船向着太阳的一侧为100～200℃的高温，而在背着太阳的一侧则出现－100～200℃的超低温。这样会使飞船的金属外壳因温差过大而变形。因此飞船飞行过程中绕纵轴慢慢旋转，可以使它均匀地承受太阳的热量。出发以来，宇航员除了途中小憩片刻之外，一直在紧张地工作。这时，他们脱下宇宙服，换上舒适的飞行工作服休息了。

按原计划，进入环绕地球轨道以后，要播送第一次电视广播。可是，由于加利福尼亚州金石城地面站的接收站发生故障，电视广播推迟了。直到地面站修好后才开始播放。在控制中心的屏幕上，人们看到了美丽的地球形象，看到了蔚蓝色的太平洋和雪白的云朵，看到了明暗界线在地球上半部水平地从左到右逝去。左边是北极，右边是南极……

电视录像后，3位宇航员开始吃太空中的第一顿饭。宇航员的食品必须尽可能重量轻，体积小，但要富有营养和味美。此外，食品不许碎成粉屑，也不能烹调食物，肉不能用刀切碎。宇航员通常食用冷冻而干燥的食物。供给

"阿波罗11号"宇航员每天大约8.8千焦含脂量少的多糖食物。菜单每天更换，4天轮换一次。为了照顾个人喜好，3位宇航员的口粮都不相同。每天的食物封装在塑料薄膜中的食品包内，并用彩色绳作标记。飞船厨房里为每人配备了总共5个旅行日的食物，并贮存了100多份各种不同的"快餐"或点心。

吃完晚饭，三位宇航员在发射13小时后开始睡觉。柯林斯、奥尔德林和阿姆斯特朗相继入睡。为了不吵醒已进入梦乡的宇航员们，宇宙飞船的通话也告中断。睡眠时间按计划是9小时。全体飞行员度过了一个安静的夜晚。

地面上的人们每时每刻都在注视着"阿波罗11号"和三位宇航员，仔细观察着宇宙飞船各种装置的工作情况。

设在世界各地的14个跟踪站，还有舰艇和飞机一直跟踪着飞船，并向指挥中心报告它的位置。指挥人员在屏幕上观察"阿波罗11号"的进程，向乘员组下达指令。

与此同时，飞船上的"无线电遥测装置"的自动通讯系统不断地传递出有关飞船本身的各种资料。这套装置中，有一个称作"传感器"的仪器，能自动地检查阿波罗11号，飞船的所有工作部件、机械装置和电子系统，检查乘员组的氧气和水的供应情况，测量船舱内的气压和温度，并且把任何升降变化显示出来。

飞船的计算机把这些装置发出的信息译成电子信号，

由无线电波传达到地面，由跟踪站接收，然后计算机又把它译成原来的信息，传送到指挥中心去。这个过程只要几分之一秒。若飞船出了毛病，指挥中心会立即知道，甚至比在太空中的人发现得还要早。

通讯系统是双向工作的，指挥中心可通过无线电遥测装置向飞船发送信息。假如飞船上有一个仪器工作不太正常，指挥人员就把指令"送"进计算机。它就再把信息传给飞船上的计算机，于是那个仪器会自动地纠正偏差。

这个通讯系统也把有关宇航员的身体情况传给地面的医生。每个宇航员身上都装着传感器。这些仪器量出他们心跳和呼吸的速率。如果有宇航员生病，医生就会通过无线电向乘员组传达医嘱。

在宇宙飞船上的第一夜，指令长阿姆斯特朗和指令舱驾驶员柯林斯都睡了7个小时，奥尔德林睡了5个半小时。

第二天清晨，在地面指挥中心的呼叫声中，三位宇航员迎来了奔月飞行的第二天。

休：阿波罗11号，我是休斯敦。

阿：我是阿波罗11号。

休：现在给你们转播地球上的新闻。据乔德勒班克天文台观测，苏联的"月球15号"中断联系，看来转到月球背面去了。

发射"阿波罗11号"的3天前，即7月13日，苏联发射了"月球15号"探测器。虽然没有公布其具体目的，但传闻说"月球15号"此行可能是在月球软着陆并取回月球岩石标本。如果这种说法准确而着陆成功，那么苏联就会比美国先拿到月球上的岩石。对此，宇航员和所有从事"阿波罗"计划的人都十分关注。

飞船飞行了24小时30分，7月17日上午10时02分，柯林斯对星座和地平线作了第二次导航定向。

半小时之后，"阿波罗11号"飞到地球和月球的正中间。此时，"阿波罗11号"已飞行了大约25个小时，飞离地球的距离约为192000千米，飞行速度为每小时4928千米。按计划要飞完剩下的一半路程还得需要更多的时间。

中午12时15分，飞船飞行了26小时43分，"阿波罗11号"进行了一次小小的轨道修正。因为随着宇宙飞船接近月球，月球的引力对飞船的影响越来越大，会产生轨道偏差，一般情况下用速度修正一下即可。可是，如果偏差过大，就要靠喷射火箭来改变宇宙飞船的方向进行调整。轨道测量结果显示，"阿波罗11号"目前的航线距离月球轨道321.6千米，而不是原计划的111千米。于是，宇航员点燃主推进装置的火箭，让它燃烧了3秒，主推进装置的4188吨的推力产生了每秒6.2米的脉冲速度，使处在脉冲作业下的宇宙飞船的飞行轨道正好推向预定轨道上去。

休："阿波罗11号"，我是休斯敦，轨道修正良好，与所要求速度的误差在每秒0.15米以下，看来到接近月球为止，不需要更多修正。

得到控制中心的指令，三位宇航员都放心了。

轨道修正结束后，为了修正轨道而暂时停止自转飞行的"阿波罗11号"又恢复自转飞行。这时飞船与地球的距离是207400千米，飞行的速度下降到每小时4400千米。地球的引力对"阿波罗11号"的影响逐渐地减小，直到它到达距地球328000千米的地球引力和月球引力平衡点为止。通过平衡点后，月球引力逐渐占优势，"阿波罗11号"将重新逐渐地加快速度。

7月17日19时32分，飞行了34小时，"阿波罗11号"开始准时向地球传送彩色视频，这是全美电视网所预定的晚上节目时间。当水蓝宝石似的地球出现在电视屏幕上时，悦目的彩色清楚地描绘出云群和云片，影像分明而清晰。

19时45分，即过了13分钟后，阿姆斯特朗把电视摄影机转向飞船内部摄影，开始转播船舱里面的场面。这正是地面上的人们急切期待的：宇航员在舱内慢慢地走动，仔细地让观众观看失重状态，认真地向大家介绍宇航食品和它的吃法，还让食品飘起来。最后转播宇航员戴在左胸前的"阿波罗11号"飞船徽章：鹰带着橄榄枝在月球上降落了。每次发射新飞船都要设计一个新的飞船徽章，这种选择是乘员组的一种特殊的优先权。宇航员清晰的录像和详细的介绍使全世界的电视观众都为之兴奋。指挥中心也为之叫好。

休：好，"阿波罗11号"，非常感谢你们的演出。这是极有意义的30分钟！谢谢。

大约在35分钟之后，即20时7分，阿姆斯特朗结束了他的电视节目转播。

7月17日22时32分，即飞船飞行了37小时的时候，宇航员的下一个休息和睡觉的时间开始了。这时"阿波罗11号"离地球250000千米。这一晚宇航员们休息得很好，比预定时间多睡了1小时。

第三天早晨，宇航员醒过来，首先和休斯敦通了话。

阿：您好，休斯敦。你们那儿看到的"阿波罗"飞行情况怎么样？

休：很好，一切顺利。"阿波罗11号"，请过一会儿把脏水倒到舱外去，不搞轨道修正了。

阿：好的。

"阿波罗11号"将脏水排出舱外。这时，也许是由于向舱外倒污水的原因，自转飞行有些不均衡，不均衡的程度达到上次排放污水时的一倍左右。所谓倒污水，就是用管道把贮存在舱内罐里的便溺等排出舱外。在真空的宇宙里，这些液体立刻凝结并四散飞去。可是，飞船在失重状态下靠惯性力飞行时，哪怕向舱外排放一点点气体或液体，它们的反作用力都会使飞船向相反的方向运动。若因此而脱离转道，后果是不堪设想的。为了解决这一问题，宇航员决定以后排污水时向宇宙飞船两侧各倒一半污水。

今天是宇航员第一次换乘登月舱，检查登月装置的日子。下午17时52分，飞船飞行了56小时20分，阿姆斯特朗和奥尔德林进入了登月舱。两位宇航员在窄小的登月舱内度过了95分钟。摄像机拍摄了他们打开连接指令舱和登月舱的舱口，通过连接孔，走进登月舱的情景，并生动地发送到地球上——这是"阿波罗11号"的第三次电视转播节目。进入登月舱的两位宇航员还把摄像机拿到登月舱内拍摄。拍摄工作极其认真，他们依次拍摄了操纵台上安装的许多仪器和雷达通讯装置、安装小型计算机的地方以及计算机标示盘和键盘等。图像很清楚，颜色适度。电视转播结束后，奥尔德林首先回到指令舱。7分钟之后，阿姆斯特朗也回到指令舱，封闭了通向登月舱的舱盖。无数的观众在遥远的地球上的电视屏幕上看到了他们的工作，看到了登月舱的内幕。第三次电视转播持续了1小时36分。

19时32分，即飞船飞行了58小时，宇航员按飞行计划规定对飞船系统进行了一次检查。一切正常。

飞船飞行了60小时后，宇航员做完了第三天的全部工作，入睡了。这时，"阿波罗11号"已经明显地感觉到了月球的引力，并因此而开始下降。地球的引力不断地减弱。

7月19日，星期六，这是登月飞行的第四天。早晨7时32分，飞船已飞行了70小时，休斯敦控制中心开始呼叫。早起的宇航员奥尔德林总是最先回答地面上的呼叫，而柯林斯总是不愿意起床。

8时30分，检查系统的时间到了，宇航员开始着手飞船系统的检查。今天就要进入绕月轨道。检查必须提前进行。电视摄影机也投入了工作，地面电视荧光屏播放出飞船中宇航员的工作实况。

12时32分，即飞船飞行了75小时，离月球还有4140千米。飞船的飞行速度上升为每秒1680米，到信号消失还要经过41分钟，到进入月球轨道的活动需经过49分钟。

"阿波罗11号"一旦进入月球的背面，它和指挥中心之间的通讯联系立刻全部中断。这是因为月球绕地球旋转时，永远都以它正面半球对着地球，而背面半球永远背着地球。所以在地球上只能看到月球的正面，看不到它的背面。在地球的视线之外是不可能和飞船进行通讯联系的。

12时58分，飞船飞行了75小时26分，距离月球1780千米，飞行速度每秒1980米，离信号消失还有15分钟。就要进行进入绕月轨道的工作了。这时，"阿波罗11号"已做好了必要的准备，等待着休斯敦的命令。

13时9分，飞船飞行了75小时37分，休斯敦终于发出了"挺进"的命令。还有4分钟就要中断联系，还有12分钟服务舱的推进装置就要发射。指令长阿姆斯特朗把开关全部拧到自动操作装置，所有操作都由计算机进行。

13时11分，还有2分钟就要中断联系。

13时12分，还有1分钟。

休："阿波罗11号"，一切正常，飞入绕月轨道！

阿：明白。一切顺利。恢复联系时再见！

13时13分，飞船飞行了75小时41分，"阿波罗11号"疾速消失在月球背面，无线电信号中断了。全世界关注它的听众和观众在焦急地等待着。与地球中断联系后，"阿波罗11号"完全单独飞行，舱内充满紧张气氛，三位宇航员目不转睛地盯着计算机的指示盘。柯林斯手握着操纵杆，注视着仪表动态和窗外的情况，准备万一计算机出现故障，马上改用动手操作。奥尔德林注视着装置工作情况检测仪，不停地呼喊数据。

"阿波罗11号"正在以极高的速度飞行，必须使速度减下来才能进入月球轨道。因为月球的质量比地球小得多，它的引力只有地球引力的1/6，所以要绕月飞行，就得使速度相应地降低。为此，宇航员要把飞船掉个头，然后点燃推进装置的发动机，产生一个反向推动力，直至降到合适的速度为止。如果发动机不能点燃，飞船就不能进入月球轨道，而会返回地球。如果发动机燃烧时间过长，速度降得太低，飞船就会坠毁在月球上。

联系中断8分钟时，由飞船电子计算机使10吨重的推进装置的发动机启动，开始喷射，飞船速度不断降低，计算机立刻计算出降低的速度。当推进装置燃烧了5分59.9秒时，飞船的速度控制在每秒877米，这个速度可使飞船进入围绕月球的椭圆形轨道，轨道近月点111千米，远月点315千米，于是计算机马上发出停火的指令。

当宇航员们在月球背面执行这个危险而艰巨的任务时，休斯敦指挥中心的人们都在紧张地等待着。他们一声不响地看着计时钟，等呀，等呀，等了25分钟，终于在无线电里听到了奥尔德林那镇定的声音。他只说了一句话："好！一切正常。""阿波罗11号"，安全地进入了环绕月球的等待轨道，指挥中心的人们这才松了一口气。

"阿波罗11号"按计划进入近月点114千米，远月点315千米的轨道飞行。宇航员这时第一次看到了月面的近景。他们欣喜地眺望窗外，向指挥中心描述见到的情景。阿姆斯特朗报告说，月面呈深浅不同的灰色。不一会儿，"阿波罗11号"飞越过他和奥尔德林即将着陆的地点的上空。他又报告说："那里看上去很幽暗。"

15时56分，飞船飞行了78小时24分，"阿波罗11号"第四次电视转播开始了。宇航员打开电视摄像机，向全世界播送了月球表面的山脉和坑穴的景象。

电视转播结束后，当绕月飞行第三周来到月球背面时，他们再一次发动服务舱里的推进装置，改变绕月轨道，推进装置发动后逆向喷射了16秒，使飞船的飞行速度降低到每秒47.3米。这样，远月点离月球更近了，飞船从而进入近月点100千米、远月点122千米的似圆形的轨道。轨道修正以后，飞船在新的轨道上继续绕月飞行。大约过了1个半小时以后，飞船重新出现在月球的正面。此时，宇航员对船舱系统进行检查，结果表明飞船及其设备完全正常。阿姆斯特朗和奥尔德林又进入登月舱，开始为第二天的登月做准备。

两位宇航员详细检查了登月舱中所有的机械装置和仪器，检查了登月舱的动力装置，试验了与地面和指令舱的通讯装置等。这项工作大约进行了两个小时。然后，他们回到指令舱。在那里，柯林斯也一直在忙个不停。这三位疲劳的宇航员吃了一顿饭，就躺下来睡觉——这是首次登月之前的最后一觉。他们心理素质极好，睡得很安稳。他们知道，明天还有更加艰巨而危险的任务在等待着他们。

# 降落月球

1969年7月20日。这是"阿波罗11号"登月飞行的第五天，也是此行的最关键和最惊险的一天。如果没什么意外的话，宇航员将在这一天首次在月球登陆。

早晨7时，三位宇航员就被休斯敦的无线电广播唤醒。他们对飞船系统进行了登月前的最后一次检查，一切正常。月球探险即将开始，阿姆斯特朗和奥尔德林两位登月宇航员心情格外激动、兴奋而又有几分紧张，不过他们充满信心。

早上9时22分，飞船飞行了95小时50分，阿姆斯特朗、奥尔德林与同伴柯林斯告别的时间到了。

他俩高兴地向柯林斯道别："好，我们走了。我们不久就会回来。等着我们，可别离开！"

柯林斯祝他们顺利成功，说："我会等在这里的。"

他俩先后爬进了登月舱。从这时起，登月舱称为"鹰"。母船（指令舱和服务舱）则称为"哥伦比亚"。这是他们与指挥中心联系时便于区别的呼叫信号。

阿姆斯特朗和奥尔德林又检查了一次"鹰"上的各种仪器和机械设备，然后按电钮放下了登月舱着陆用的四只腿和四只脚。他们准备完毕，就在"鹰"舱中各就各位。

12时54分，地面指挥中心给登月宇航员下令：脱离宇宙飞船。按计划，分离要在月球背面进行，可那里与地球无法取得联系，因此，休斯敦、"哥伦比亚"和"鹰"三者之间的通话更加认真。

休：展开降落支脚没有？

鹰：已经展开。

哥伦比亚（以下简称"哥"）：降落点追踪顺利。"鹰"，什么时候试验制动装置？

鹰：准备马上进行。

哥：好。那么，我们停止通话。

休："鹰"，制动装置及所有装置正常。分离吧。

接到指挥中心传来"一切顺利，进行分离"的命令，"哥伦比亚"和"鹰"，飞到月球背面。

中午1时47分，"哥伦比亚"中的柯林斯发出两舱可以分离的信号。"鹰"在弹簧装置驱动下逐渐脱离"哥伦比亚"。这时"阿波罗11号"正在充满峡谷、裂沟和火山口的月球背面111千米的上空飞行。为了以防万一,"哥伦比亚"和"鹰"先是稍稍拉开距离,保持随时可以对接状态。一段时间后,情况良好,它们开始完全分离。这时指挥中心的人们正在焦虑不安地等待着他们的重新出现。不一会儿,终于从空间传来了阿姆斯特朗的声音。

鹰(阿姆斯特朗):喂,"鹰"已脱离。

休:情况怎样?

鹰:"鹰"已长上了翅膀!

休:好。

分离约30分钟后,"鹰"发动机开始逆向喷射。"哥伦比亚"稍微减低速度,进入"鹰"内侧的绕月轨道渐渐飞远。它将继续绕月飞行。

下午2时20分,"鹰"从无线电中得到在月球背面制动着陆的命令。启动下降发动机的位置仍在月球背面,地面发出的指令电波无法到达,所有的工作将由"鹰"的计算机控制。大约到达定点前10分钟,"鹰"从地球的视角上消失了。地面指挥中心及全世界的观众和听众急切地期待着"鹰"的再次出现,因为这次出现具有更重要的意义,它意味着"鹰"已经在下降轨道上向月球降落了。

"鹰"从循环轨道开始向月球背面降落飞行时,正好是下午3时11分,飞行了总共101小时39分。这时,宇宙飞船大约在黄经西141度，正巧处于月影的黑暗之中。

"鹰"降落月球的过程分为两个阶段。它首先在预定位置（由降落月球的地点所决定）启动下降发动机，发动机逆向喷射约30秒，使飞行速度降低到每秒22米左右。这样。"鹰"脱离原绕月轨道进入到愈来愈接近月球的椭圆形轨道。这个轨道的近月点距离月球约15千米，并且使近月点位于月球预定降落地点的附近。在这个轨道上由于飞行速度低，月球的引力作用增大，"鹰"的高度降低，并继续绕月飞行。这个阶段没有多大危险，只要它在轨道上，就不会坠落到月球上。如果发生什么故障，任它自由飞去，也会飞回到初始改变轨道的地方。"哥伦比亚"在那里的等待轨道上飞行，会随时营救他们。在椭圆形下降轨道上，按运行规律，"鹰"将下降到离月面着陆点15千米左右的高度。

随着时间的接近，在高处飞行的"哥伦比亚"可以先恢复通讯，而正在下降的"鹰"要稍晚一些。

与哥伦比亚恢复联系的时间到了。

哥：我是"哥伦比亚"。听得见吗？一切正常顺利。

休：我是休斯敦。好极了！就等"鹰"的消息了。

哥：明白。马上就会出来的。

休："哥伦比亚"！当"鹰"制动下降时，你的抛物面天线可能会失灵。

哥：明白。

这时，与"鹰"恢复联系的时间到了。奥尔德林响亮的声音打破了指挥中心的紧张气氛。

鹰：我是"鹰"！灵敏度怎么样？

休："鹰"！灵敏度良好。汇报喷射情况。

鹰：喷射是完全按计划进行的，一切顺利。

这时"鹰"已飞行在预先计算好的轨道上，飞行情况良好。下午4时，指挥中心发出指示，让"鹰"准备着陆。这时"鹰"已下降到离月面约16千米处。

下午4时5分，"鹰"在下降飞行1小时后，距月球最近点为14千米左右高空时，阿姆斯特朗和奥尔德林毫不犹豫地、准时地点燃了下降发动机，开始进入登月过程的第二阶段。如果这时不减速，"鹰"就会重新上升，直至到达远月点111千米处。

点燃发动机降低了"鹰"的速度，打破了它与月球的引力平衡。顷刻间，"鹰"脱离了轨道，开始沿着漫长的曲线航道降落。这时离着陆还有12分钟。发动机的工作按计算机的命令自动进行。最严峻的时刻来到了，对所有人来说这12分钟都是最紧张的。

"鹰"越来越接近月球，14000米—12000米—10000米—9000米。就在这时，"鹰"舱计算机警报灯突然亮了——警报灯是显示计算机故障的。警报灯一亮，指示盘上就会出现表示故障的数字符号，但是，这时在指示盘上没有出现数字。显然，这种故障是出人意料的。在高度从9000米降到3900米的几分钟内，阿姆斯特朗和奥尔德林竭力研究处理办法，拼命地找查原因。

在这必须决定是否改变计划的关键时刻，休斯敦指挥中心更是一片紧张的气氛。指挥人员中有人面如土色，尤其是制造这套装置的计算机厂家的工程技术专家，更是如坐针毡，坐立不安。指挥中心立即组织科学家和专家进行研究。他们认为这是计算机超负荷运转造成的。于是，指挥中心命令"鹰"舱内的宇航员不要什么都问计算机，尽量减轻其负荷，应限于计算机能够自动计算的范围内。这样，计算机的警报灯果然熄灭。一场虚惊过去了。后来才知道，他们除了打开着陆雷达外，为了和"哥伦比亚"保持联系，同时还打开了会合、对接雷达，这个数据成了计算机的沉重负担。可真险啊！若非指挥中心的正确决策，几乎前功尽弃。

熬过危急关头的"鹰"沿着下降轨道继续下降。地面指挥中心的工作人员密切地关注着它，由于这时没有摄像机拍摄，这个过程不能在电视上显示出来。但是倒数时间计算1秒1秒地在电视荧光屏上进行着。人们焦急地等待着，数着时间，几乎屏住了呼吸。

"鹰"离月球也越来越近了。阿姆斯特朗和奥尔德林越来越紧张地注视着不断靠近的着陆点。可是他只看见灰蒙蒙的一片，无法看清着陆点。直到下降到月面上空约150米处时，他们才看到"鹰"的着陆轨道（自动导航）一直通向一个足球场大小的坑穴中间。阿姆斯特朗把眼睛紧贴着观察窗向着着陆点望去，终于看清那里散布着无数巨大的岩块。他大吃一惊。这时距离降落月面仅有1分钟多一点时间了。怎么办！在这千钧一发之际，阿姆斯特朗当机立断，迅速改用手工制导。他以高超的技巧使"鹰"躲过岩石，避免了一场可怕的事故。否则任其发展下去，后果也是不堪设想的。

在"鹰"降落月球的最后时刻，阿姆斯特朗和他的同伴控制着他们紧张的心情，开始沉着地寻找较好的着陆位置。几秒钟后，他们找到了一处平整的地方，决定在那着陆。他们把速度降到每秒1米，"鹰"开始缓缓地降落。对宇航员来说，这是既兴奋又紧张的时刻。"鹰"必须轻轻地以精确的角度着陆；如果它降落的角度不对，一条腿就会折断，登月舱将向一边倾斜。万一发生这种事，他们就不能从月球上重新起飞。所幸降落顺利进行，没有发生故障。阿姆斯特朗报告说："我们下降得很正常。25米——20米——15米——卷起了一些尘土——好，好——接触灯亮了！——行了——关闭发动机。"在1.7米高度时，"鹰"下面的一个仪器（脚掌上的探针）已经触及月面，总控制板上带"接触月球"标记的两个蓝色信号灯亮了。奥尔德林十分兴奋地说："着月了！"阿姆斯特朗随即关闭了发动机，"鹰"稳稳当当地落在月球上。此刻是美国东部时间7月20日16时11分40秒。从地球发射起，飞船飞行了102小时45分。

着陆后，两位宇航员抑制着内心的兴奋，立即向指挥中心报告这一振奋人心的好消息。

鹰（阿姆斯特朗）：休斯敦，这里是"沉静的基地"。"鹰"已着陆。

休：明白，已确认着陆。我们都放心了。谢谢！

地球上千百万正在倾听着和等待着的人们，终于如释重负，大大地松了一口气。奥尔德林的夫人高兴得流出了眼泪。根据后来的估计，在地球上，坐在家里电视机旁观看宇宙飞船在月球着陆的大约有5亿人之多。

月球着陆的成功，极大地鼓舞了地面指挥中心的人们。刚才紧张、寂静的指挥中心，这时已是一片欢腾，到处洋溢着欢呼声、欢笑声和热烈的掌声。指挥员以无比的喜悦向阿姆斯特朗和奥尔德林表示祝贺，并告诉他们："在这个大厅里，大家都在微笑！"

月球上的宇航员笑着回答说："这上面的两个人也在微笑！"

这时，"哥伦比亚"在绕月轨道上孤单单地运行着，柯林斯在那里倾听着着陆的情况，他高度地称赞他的两个同伴："你们那里的事听起来太伟大了。伙计们，你们干得不错啊，这可是惊人之举——棒极了！"

　　柯林斯的话，表达了地球上亿万人的心声。

# 月亮探测

　　1969年7月20日16时11分40秒，阿姆斯特朗和奥尔德林驾驶登月舱，安全运地降落在月球上，完成了惊险的降落月球地创举。而两位宇航员此刻却没有时间思考成功着陆的意义，他们竭力使自己的心情平静下来，开始了繁忙的月面工作。按计划两位宇航员将在月面停留约22小时。

　　阿姆斯特朗和奥尔德森在月球上首先要确定：呆在月球上有没有危险？"鹰"有无损坏？它的各个系统是否运转正常……如果有问题，他们必须马上起飞。他们检查了登月舱的各个部分。大约两个小时的详细检查，他们报告指挥中心一切完好；指挥中心允许他们在月面上逗留。

　　这时两位宇航员十分兴奋，开始准备下一个重大的事件—在月球上行走。

他们向窗外瞭望，仔细观看月面奇景，并在月理图上找到了他们所在的位置，与指挥人员商讨了计划。指挥人员原计划在开始月球步行前给他们专门安排了4个小时的睡觉时间，但两位宇航员感到头脑十分清醒，身体状况极佳——他们急于要出去探索月球，请求准许他们提前开始月球行走。指挥中心同意了他们的请求。这一下可忙坏了全世界的电视台，为了实况转播，几乎乱成一片。

阿姆斯特朗和奥尔德林吃了点东西，这是人类在月球上的第一顿饭。然后他们开始做出舱准备工作：要检查测试月面宇宙服是否正常；维持生命的装置工作得怎样；二氧化碳吸收装置有没有问题；在没有空气、不传播声音的月面上谈话使用的无线电话有无故障；救生氧气瓶情况如何……即使一点点问题，在月球上都会产生不可挽回的悲剧。进行了2个小时仪器设备的最后检查以后，他们穿上月面宇宙服和其他装置，准备离开登月舱了。

10时39分，在配件托架下的舱盖打开了：首先，指令长阿姆斯特朗在奥尔德林的帮助下钻出舱口，一出舱口就是舷梯的最上端，这是一个窄小的平台，到达平台时，阿姆斯特朗站了起来，并且第一次在宇宙飞船外面看到他面前闪烁着银白色光的"鹰"（登月舱）。就是它把他和他的同伴如此安全地从停泊轨道带到这个离地球38万千米远的月球上。这时舱内的奥尔德林已经按照休斯敦指挥中心的命令，做好了电视录像和拍照的准备。电视屏幕上映出了阿姆斯特朗正在小心翼翼地走下扶梯的画面。

遵照医生的指示，阿姆斯特朗在走下梯子时特别慢，并且在每一梯档上稍微停一下。由于没有空气，他感到手和脚都没有多大知觉，同样也感觉不到扶梯的各个台阶。奥尔德林站在打开的舱门口，观察并指点着。亿万人们看到阿姆斯特朗慢慢地从横档梯上走下来。地球的西半球正是夜里，这一夜只有很少人睡觉，守在电视机旁的千百万人，他们感到十分紧张和惊讶。电视里，漆黑的太空和白光闪闪的月面映在画面上半部。从左侧往下是"鹰"的黑影。以这黑影为背景，穿着白色宇宙服从扶梯一级一级走下来的阿姆斯特朗，身影就像一幅剪影。

几分钟后，阿姆斯特朗走到了最低一级台阶上。他稍停片刻，然后两手抓着扶梯，向月面迈出了左腿，轻轻地用穿着月面靴的脚蹭蹭月面。接着，他使劲踩了一下，月面既不滑也不下陷。于是，他右脚也迈到月面，松开两手，稍稍离开了"鹰"，站到了月球上。这样在月面上留下了第一个人的脚印。在跨越最后一步时，阿姆斯特朗说出了等待了许久的，一定会写进历史的那句话："对一个人来说，这是一小步，但对人类来说，这是跨了一大步。"这是人踏上月球说的第一句话。

人和月球接触了，对探险家来说，这是许多世纪梦想的实现。对于科学家来说，这是了解月球和地球起源与性质的一个好机会。

阿姆斯特朗在月球上踏下的第一个脚印的时间是飞船发射后109小时24分20秒。美国东部时间夜间10时56分。这是一个激动人心的时刻，是一个令人难以忘怀的时刻，人类千百年来的登月梦想就在这一刻变为现实了。

此刻，在登月始发站卡纳维拉尔角，在休斯敦指挥中心，在美国国家航空和宇航局的其他研究所，许多成年男人也激动得流下了泪水。

此刻地球上的人们和月球上的宇航员一起分享着胜利的喜悦。在世界各地，由于现代通讯的奇迹，地球上的几亿人——大概是有史以来最多的观众和听众，在电视上看到宇航员踏上月球的第一步，在无线电中听到宇航员在月球上说的第一句话。他们没有让这个千载难逢的机会从眼前、从耳边错过。

阿姆斯特朗慢慢地环视了一下四周，看到了一番奇异的景色。头上的天空是黑的，但月亮却沐浴在明亮的阳光之中。月球是灰尘、岩石和环形山的荒漠世界，这里没有空气，也没有任何生命，到处是一片死寂。

阿姆斯特朗接着试验了在新环境中自己身体的反应情况及健康状况。他一只手紧握梯子，并用一条腿站着，充分试验自己的平衡能力。当他敢于迈出第一步后，他的下一个活动，就是从大腿上宽大的裤袋里，取出了一个带把的器具，用它不加选择地把细粒土壤物质装进塑料袋里面，接着把塑料袋仔细地折叠好放进左腿上的外裤袋里。在收集土壤的过程中，由于他看不到自己的两条腿，所以需要奥尔德林从船舱内用言语指导他。在阿姆斯特朗取土壤时，奥尔德林以每秒拍一张照片的速度对着他拍照。

阿姆斯特朗考察了月面。他发现月面既结实又安全。他非常慎重地抬脚向月面走去。他穿着笨重的宇宙服，背着沉重的背包，加上体重足有230千克。这在地球上会走不动。可是，在月球上只有1/6的重量，即38千克多一点，所以他走动时感到很轻捷。

阿姆斯特朗踏上月球20分钟后，深夜11时14分奥尔德林也走下来，成为踏上月球的第二个人。奥尔德林像平时一样，依旧兴致勃勃。他手握梯子，并试验着跳回大约有1米高的最末一个梯档上，像芭蕾舞演员一样优美、轻松地漂荡着，还大声喊道："好极了！好极了！"

两位宇航员开始试着在月面行走。他们的最初几步令人发笑，因为他们几乎处在失重状态，失去了平衡的感觉，不知道脚步会把他们带向何方。他们笨手笨脚、摇摇晃晃的，像喝得酩酊大醉似的。但他们很快克服了困难，潇洒自如地走起来。

这两个快乐的人一面谈论着，一面走动，有时还拣起一些小石块扔出去，观察它们会怎么样。他们没想到石块竟像球一样跳到空中，两人放声大笑。经过最初几步的试验证明，比较长的弹跳步伐前进，是一种较好的前进方式。当他们在月面沙地上敏捷地来回跳动时，地球上的观众简直不相信自己的眼睛，看到他们像两只愉快的、灵敏的羚羊，像两个大胆的、贪玩的孩子。

接着，两位宇航员在月球上离登月舱12～15米的地方架起了一部电视摄像机——这是一个小巧的电子科学仪器，它是由美国威斯汀豪斯公司专门研制的，重3.25千克。根据电子学技术的一项新发明，二次电子导管，既可在明亮的光线下，也可在光线曚昽中拍摄清晰的景物。电视摄像机只耗电5瓦，每秒钟可以传递320行的10幅图像。两位宇航员用三脚架把电视摄像机架好，并把它对准"鹰"的前部，拍摄了几张全景照片；又拍摄了四周的环境。摄像机通过一根长长的电缆同飞船上的电视发射机联结在一起。

设置完电视摄像机后，奥尔德林像袋鼠一样轻快地蹦跳着跑进了画面。他把太阳风测定装置的铝箔铺放在"鹰"前面。太阳风试验的目的是要捕捉从太阳放射出来的微粒子及稀有气体——诸如氦、氖、氩等。科学家们希望这种"风"能帮助说明太阳和行星的形成。

离摄像机约10米远的前方，有一块像从土里长出来的尖石块。据阿姆斯特朗解释，这块岩石表面凸出部分约30厘米，全长45厘米，厚15厘米。东京大学教授、世界岩石学界权威久野先生看到这个从月面传来的电视转播时，情不自禁地说："真想把那块石头弄来，那是基岩，是研究月球结构难得的资料。首先，为什么作为月球结构骨骼的岩石却会露出来？仅此一点，也是值得考查的。"

夜间11时23分，阿姆斯特朗和奥尔德林在"鹰"旁边举行了一个小小的仪式。他们郑重地揭开了安装在登月舱腿上的金属板的罩子。在这块金属板纪念牌上东西半球的图案下面印着他们的名字。

金属板是由不锈钢制成的，长为22.5厘米，宽为19厘米，厚为15毫米，它的表面高度抛光，并镀有一层发亮的铬。浇铸的地球平面图、文字和签名是用黑色合成树脂塑料压铸的。金属板上镌刻着这样一段文字：

"1969年7月，太阳系的行星——地球上的人类第一次在月球上留下了足迹。我们代表全人类来这里进行一次和平的旅行。"

他们在金属纪念版的旁边，插上了尼龙做的美国国旗。旗杆是铝制的，长约2.5米。旗子的尺寸为0.9×1.5米。由于月球上没有风，所以他们把旗镶到金属框里，使旗子展开。

接着，两位宇航员从"鹰"上的工具箱里取出了一只塑料袋，里面装有锤子、小铲、夹钳等，还有一把可装卸的长柄，这把长柄既可以装上锤子，也可以装上铲子。他们要用这些工具采集月球岩石和土壤样品。两位宇航员都是受过特别训练的业余地质专家，对标本采集工作都很在行。他们知道这项工作对于月球的研究十分重要。他们将样品都编上号，并且进行拍照，放在单独的袋子里。

夜间11时47分，从休斯敦指挥中心传来总统要和他们通电话的消息。

休：沉静的基地，总统要在白宫的办公室里和你们通话，希望你们都到国旗前面能够映入荧光屏的地方。

阿姆斯特朗：太好了！太荣幸了！

通话是由电话两头和在一个分开画面的屏幕上作电视转播的。在电视屏幕上，阿姆斯特朗和奥尔德林以立正姿势站在美国国旗两侧，在他们的旁边出现了坐在椭圆形办公室里的尼克松总统。

尼克松总统在他所说的"必定是有重大历史意义的通电话"中，首先向两位月球探险者表示祝贺。接着，又说："我找不出什么话要对你们讲，但对你们的行动我们感到多么的骄傲！这对每个美国人来说都是一生中最自豪的日子，对全世界整个人类也是如此。我可以相信，他们和美国人会一起认识到，这是多么伟大的功绩。根据你们俩所完成的事业说明，天体已成为人类世界的一部分，这就鼓舞我们更加倍的努力，给地球带来和平和安宁。在整个人类历史上，这个宝贵的时刻对地球上所有的人来说是难忘的。这是你们的骄傲，但愿你们能平安返回地球。"

阿姆斯特朗回答说："总统先生，多谢您。我们能在这里，是我们的很大光荣，我们不仅作为美国的代表，而且也作为展望着未来、热衷于追求知识和热爱和平的各国的代表。今天能参与这项活动，是给我们的光荣。"

尼克松：多谢，我和大家都非常高兴，星期四在'大黄蜂号'上愉快地会面吧！

阿姆斯特朗："谢谢总统先生。"

与总统通完电话，两位宇航员又采集了一些岩土样品后，又开始安装月球科学实验观测仪器。

奥尔德林从登月舱内把月震仪和激光反射器取了出来。这时已是午夜0时30分了。奥尔德林左手提着月震仪，右手提着激光反射器，一直走到距离登月舱约25米远的地方。他们将把这两个仪器安装在这里，以免仪器在登月舱起飞时被火箭发动机的废气所损害。这是两个科学家用来观测月球并将留置在月球上的高精度仪器。

月震仪是用来观测月震现象的。其中装有太阳能电池，通过日晒电池所产生的电流供给月震仪的四个精密仪器。仪器内部的电子设备是用来记录月震的，它的灵敏度极高。记录的月震波用无线电送回地球。月震仪在地球上重45千克，但在月球上仅有7.5千克。它将在这里工作两年以上，向地球上的科学家报告此后两年坠落陨星或火山爆发及任何物理干扰所造成的震颤。希望这种报告可以对月球的构造研究提供线索。

激光反射器是用来观测地球与月球之间的距离及其变化的。它的大小与手提包差不多。它由100个水晶棱镜浇铸在一块方形底板上，纵横各10个排列起来所构成。从地球发射的激光被这个反射器反射回去，可测出地球和月球之间的准确距离。科学家可以据此发现地球至月球距离的极小的改变。这些改变可能表示重力是否减弱，或是大陆移动等。此外还可以比以前更精确地测出月球的大小、形状、内部成分、它的运动、地球上1日的时间长短、地球两极的运动等。

奥尔德林的任务是安装月震仪。为了沿着东西轴进行安装，他利用安置在仪器上部的日圭所投射的太阳阴影并用水准仪来检验水平方向位置——在地面已进行多次模拟练习。阿姆斯特朗已把激光反射器安装在离地震仪3米左右的地方。两个仪器的安装，总共才花了大约20分钟。

21日0时40分左右，他们开始第二次采集岩石样品。他们把一个叫做采样器的空心的金属管子打进月面，采集里面的石土。几厘米厚的粉状砂石下层非常坚硬，他们费了很大的劲，好不容易把管子打进13厘米深，采集了这一层面的样品。最后他们把所采集的样品，装在两个铝制的标本箱里，盖上盖，用四条金属带加固，通过升降机压力的加压，用聚乙烯塑料密封。

0时50分，他们收起铝箔，并把它装在包里。

0时56分，奥尔德林慢慢地，可以想象是不太情愿地登上了舷梯。第一个离开月球。他风趣地用西班牙语向月球告别："阿地奥斯。阿米高！（再见，朋友！）"然后他站在舱口门廊的平台上，和下边的阿姆斯特朗一起用穿在滑车上的绳索把标本箱拉上去，装进上升起飞装置内。他们费了好大劲。他们总共采集了22千克的样品。

大约在奥尔德林回舱后15分钟左右，阿姆斯特朗也走上登月舱。到了舱口，他不由自主地环顾四周，心里恋恋不舍地想："我们永远不会再到这里来了。"随后就爬进舱内，盖紧舱口。这时已是凌晨1时14分。到此为止，两位宇航员完成了月面探测工作，从舱盖打开到关闭，总共经过了2小时31分。在这段时间里，他们圆满地完成了月面工作的任务，一切进行得相当顺利。他们取得的巨大成绩，已远远超过了指挥人员的期望。

舱口关闭严实后，给真空的舱内放进氧气。当舱内气压从1/7气压升到1/3气压时停止供氧。温度保持在16℃。他们卸下背包，脱掉月面宇宙服，立即整理收集来的东西，把它们放到指定的地方，同返航时不再需要的东西分开。并分别作了记录。在3时40分他们再次使舱内减压，以便再次打开舱盖，把所有不再需要的东西包括到月面上去的安全装置，如背包、摄影机、套鞋、支臂架等扔到月面上——这些物品总价值100万美元以上。3时46分，在遥远的地球的荧光屏上，可以看得清清楚楚，三包东西从舱口滑了出去，梯子也飞快地倒在后面。他们又重新关闭了舱口，使船舱处于内压下。此时，两位宇航员已在月面连续工作了长达15个小时，连眼皮也未合过。他们感到非常疲倦，准备吃一顿饭后休息。他们打开自动报警装置，可是两位宇航员没有睡好。狭小的登月舱连个躺着的地方都没有，阿姆斯特朗坐在发动机的罩子上，头和后背靠在舱口盖上，脚搭到挂在支柱上的绳套里睡着了。奥尔德林在地板上找到一块小小的平地，蜷曲在那儿睡觉。此外，拉上窗帘，遮住光线，寒冷难熬。打开帘子，虽然暖和了，但又亮得令人睡不着。难受的姿势和寒冷的温度使他们难以入睡。指挥中心的医生们观察他们的脉搏，发现阿姆斯特朗的脉搏总是升升降降，说明他正处在似睡非睡的状态。至于奥尔德林更是闹不清他到底是睡着还是醒着，估计休息得更不好。

在距离月面约110千米的高空，柯林斯独自在"哥伦比亚"中绕月飞行着。当他的两个同伴在月球表面上进行着他们伟大事业的时候，他似乎是一个被人遗忘了的人。

# 飞离月球

　　1969年7月21日，这是"阿波罗11号"登月飞行的第六天，也是两位登月探险宇航员飞离月球的日子。从月球起飞，也许比着陆月球更为危险。用来发射"鹰"的只有一台小型火箭发动机，这台发动机要使登月舱离开月球，把它带到两万米的高度，然后把它推入月球轨道。如果这台发动机失灵或不能正常工作的话，两位宇航员就只能待在月球上，一旦氧气用完，营救他们是不可能的。

　　11时15分，休斯敦指挥中心向沉静的基地致以的问候，唤醒了"鹰"舱内已休息了7个小时的两位宇航员。

　　还有2小时39分就要从月球出发。

　　11时32分，两位宇航员开始了飞离月球的准备工作。他们检查了"鹰"的机械状况，一切都很正常。为了安全起见，他们又穿上全套密封的宇宙服。

13时35分，休斯敦指挥中心下达了起飞的命令，离发射还有19分钟。

指挥人员焦急地等待着，有的人担心得出了汗。时间一分一秒地临近，奥尔德林镇静地数着倒计时的最后几个数字：——5——4——3——2——1——启动。13时54分，登月舱的计算机自动启动上升发动机，发动机猛烈喷射，"鹰"疾速上升。"鹰"把登陆装置作为发射台，上升部分起飞时与之脱离，独自飞离月面。在上升部分的船舱周围装有四组制动发动机（小型火箭），以它们的喷射来改变前进方向。

飞离月面的"鹰"在10秒钟内垂直上升到78米的高度，速度达到每秒15米。这时，制动发动机启动，使"鹰"渐渐倾斜，到达144米高处，倾斜40°；到达200米高处，倾斜52°，"鹰"一边上升，一边改变飞行方向。

"鹰"飞离月面1分钟后，按照休斯敦的命令改换为手动操作。这时，"鹰"在780米高处，上升速度为每秒39米。"鹰"越飞越高，并逐渐倾斜，上升到18000米，几乎与月面平行之后，发动机停止喷射。这样，"鹰"进入了近月点19.2千米，远月点83.3千米的椭圆形轨道。阿姆斯特朗告诉指挥中心："'鹰'安全进入轨道。"

鹰：好，关上开关！还有15米，发动机熄火！高度

18199.8米，速度每秒984米。

休："鹰"，多么壮观！前进吧！

鹰："鹰"已飞离月球，进入绕月轨道。静海，再见吧！我们已把人类文明留在月球上。

这时，指挥中心的指挥员擦去了脸上的汗，松了一口气。"鹰"朝着月球背面的远月点向更高处飞去。

"鹰"绕月半周，飞到月球背面远月点83千米处，再次点燃发动机加速。如不加速，绕月一周以后它还会回到距月球约19千米的近月点去。加速后它的速度达到每秒约17.1米。这样，它可脱离椭圆形轨道，改变为在高度83千米的接近圆周轨道上。可是，这还不能接近在高度为110多千米处飞行的"哥伦比亚"。它必须再一次让发动机喷射以修正轨道。

"鹰"的会合雷达扫描，目标紧紧地对准了"哥伦比亚"。在月球起飞时他们关闭了会合雷达，因为着陆时曾因此计算机发出警报。为了会合对接成功，不仅要对准高度，而且必须把对接双方的轨道面纳入同一平面。"鹰"在正好转一周之后的离月面83千米的高空，用制动发动机调整飞行角度，对准"哥伦比亚"的轨道面。

修正轨道面之后，"鹰"又飞行了1/4周。此时，"哥伦比亚"在它的前上方26.6°，距离60千米处飞行。这时"鹰"再次启动上升发动机，使速度每秒增加7.4米。进入一个椭圆形轨道后，沿着这个轨道它飞行40分钟将升高到"哥伦比亚"飞行的高度。"鹰"沿着椭圆轨道不断爬高，从后下方飞近"哥伦比亚"。"哥伦比亚"把指令舱的前端指向"鹰"。"鹰"则启动会合灯闪光，让制动发动机喷射调整着姿势。飞船的双方互相用会合雷达和光学测定仪取得联系，都做好了对接工作的准备。距离越来越近了，柯林斯把"鹰"上的十字形对接目标正好对准了窗口上的六分仪刻度。好，对接！双方都屏住呼吸，密切配合，只听"哐当"一声，对接上了。可是，就在这一瞬间，它们开始剧烈晃动起来，伴随着哐当哐当的响声，强烈的晃动持续了9秒。出了什么故障呢？他们正要分离重新对接，这时只听"哐"的大响一声，晃动和响声都消失了，两者紧紧地对接在一起了。"鹰"上的两位宇航员高兴地喊道："对接成功了，'鹰'属于'哥伦比亚'了！"这样，他们又度过了，一个难关。第一次对接就意外地获得了成功，此时是21日17时35分，"阿波罗11号"发射后已.飞行了128小时3分了。

对接一结束，柯林斯立即卸下对接针和舱口，使连接孔变成通路。这时，升高指令舱的内压力，从指令舱向"鹰"舱内吹送氧气，这是为了不使"鹰"舱内的月球细菌进入指令舱。好不容易打开了通路，柯林斯急切地向"鹰"舱走去。他首先看到的是炯炯发光的四只眼睛，三个人无比激动地把手紧紧地握在一起。接着他们把所有的要带回去的东西都拿到指令舱里之后，阿姆斯特朗和奥尔德林先后回到指令舱。时间是21日晚上18时30分。

登月舱已经完成了它的使命。为了使它不影响母船的飞行，在成功对接后不久，宇航员们就使它与母船脱离，并给它的发动机点火，使它飞离母船，它将在绕月轨道上继续飞行下去。阿姆斯特朗和奥尔德林望着逐渐飞离远去的登月舱，心里很不是滋味，一种难割难舍之情油然而生，他们打心眼里希望把它带回到地球上去，可是那将耗费大量燃料，也是不允许的。他们只有默默地望着它，直到它从他们的视野中消失。

# 胜利凯旋

告别登月舱后，三位宇航员经过刚才几小时的冒险活动，已有些筋疲力尽。他们开始了短暂的休息。这时，"阿波罗11号"围绕月球运转已进入第29圈。此时，休斯敦实际时间计算机综合装置繁忙地工作着，计算着"阿波罗11号"脱离月球轨道或进入地球喷射的燃烧数据。

21日午夜0时10分，休斯敦通知"阿波罗11号"的宇航员："开始进入地球喷射。"喷射活动在46分钟后准时进行。

和前几次一样，服务舱的发动机点火和喷射将在月球背面进行。为此，在中断联系前，休斯敦和"阿波罗11号"匆忙地交换着发动机点火的相关数据。

"阿波罗11号"正在绕月轨道上飞行最后1周——第

30周，马上它就要逸出月球轨道奔回地球了。当它再一次进入月球背面时，又一个令人焦虑的时刻来到了。如果服务舱的发动机失灵，不能正常工作的话，"阿波罗11号"就会继续绕着月球飞行下去，那样，三位宇航员就永远回不到地球上来了。

正如人们所期待的那样，脱离月球轨道的活动十分顺利。7月22日0时56分，"阿波罗11号"准时点火，发动机急速喷射。连续喷射2分28秒，它的推力使宇宙飞船的速度提高到每秒988米，此时它消耗了约4540千克的燃料。

柯林斯说："这是一次极其顺利的推进作业。"

"阿波罗11号"顺利脱离绕月轨道，开始了返回地球的飞行。船舱里充满着宇航员们轻松的、成功的幸福感。

当"阿波罗11号"的声音再一次传播到地面指挥中心时，地球上发出一片欢呼声。在这以前，还没有任何一次宇宙飞行引起如此的狂热。"阿波罗11号"在月球轨道上和月球上的停留时间总计为59小时32分。它回归故乡——地球的旅程要59小时55分钟。

"阿波罗11号"脱离月球轨道后，三位宇航员在船舱中第一次长时间睡眠，而且睡得很香甜，他们实在是太累了。阿姆斯特朗和柯林斯睡了8个小时，谁也没有醒，平时睡眠很少的奥尔德林甚至睡了8个半小时。三位宇航员回家的旅程，是一次十分顺利而愉快的旅程。

随着时间的逝去，地球在三位宇航员眼里逐渐变大。尽管由于月球的引力使"阿波罗11号"的速度越来越慢。可是当"阿波罗11号"在7月22日13时39分通过了月球和地球引力的平衡点后，速度随地球引力增大而加快。

同日下午15时16分，"阿波罗11号"按照地面指挥中心的指令，进行了一次轨道修正。由此公布在太平洋降落的时间为7月23日12时49分。这一天，三位宇航员无事可做，以与地面通话为快慰，并回答提出地面的各种问题。

晚上21时10分，"阿波罗11号"从距离地球288700千米处，第五次把彩色录像发射到地球。在电视屏幕上，三位宇航员精力充沛地轮番表演。指令长阿姆斯特朗还让观众观看存放样品箱的地方。接着，奥尔德林出现在摄影机前。他在准备食物，手边有斑鳟色拉和一个包好的面包，他在那里用火腿膏抹在一片包着薄膜的面包上。后来，他在失重状态下用一个罐表演旋转原理。轮到柯林斯表演时，他风趣地指出：水在船舱内自由地漂浮形成一个球形，以熟练的技巧可用嘴从空气中"捞取"。柯林斯还深有感触地说："不管在哪里旅行都一样——回家永远是最美好的。"

21时28分，电视转播结束，历时18分钟。

进入飞返地球的第二个夜晚，在指挥中心的督促下，尽管三位宇航员不觉得困，还是进入了10个小时的睡眠。

23日早起后，接下来的仍然是常规的飞行，三位宇航员检查飞船系统，做些日常杂务，飞船顺利飞行着。

23日晚19时05分，这次旅行的最后一次电视转播开始了。这次转播的形式和前几次大不相同。三位宇航员相继向地球发表谈话。指令长阿姆斯特朗首先来到摄影机前，他激动地说：观众朋友，你们好！我是"阿波罗11号"的指令长。100年以前，法国作家儒勒·凡尔纳写了一本月球旅行的小说。书中的宇宙飞船"哥伦比亚号"从佛罗里达起飞，在完成月球旅行后，降落于太平洋。明天，现代的"哥伦比亚号"就如同小说中的"哥伦比亚号"一样降落到太平洋。借此机会，谈一谈我们乘员组的想法。

柯林斯站到摄影机前。平时活泼、健谈的柯林斯这时似乎有些紧张。他认真地说：

"诸位很可能把我们这一次月球旅行想象得既简单又轻松。我非常愿意向诸位指明，情况并非如此。"

"把我们送入循环轨道的'土星5号'火箭是一个不可想象的复杂装置，它的每一个部件都毫无差错地发挥了作用。在我头上这部计算机，储存着38000个词汇，每个词汇都是经过精心挑选的，便于我们最有效地利用它。现在我手指上的开关，外观和它完全相同的，在这个指挥舱里就有300多个。此外，还有数不清的接点、柄、按钮和其他控制器件。"

"服务舱尾部的火箭发动机——SPS火箭推进装置工作得十分顺利，否则我们很可能在月球轨道上就搁浅了。高悬在我头上的降落伞，明天就会发挥作用，否则我们也将在太平洋上摔得粉身碎骨。对于这些精确地工作着的器械，我们一直是信任的，在最后的航程中，还要依靠它们。"

"所有这一切，都是在耗费了许多人的血汗才获得成功的。首先是那些生产这一装置各部件的工人们，其次是从事装配和检验的各工作队，最后是那些在'载人宇宙航行中心'。不仅有管理机关，飞行计划、飞行指挥方面工作的人员，而且在宇宙飞行训练方面的工作人员也贡献了力量。各位所能看到的全部就是我们三个人，但是在这个表面的下面，还有成千上万的其他的人。我们所做的，只不过是这些努力中的小小一部分而已。我在此向所有这些人表示非常感谢！"

接着，奥尔德林用严肃的、从容不迫的语调说：

"关于这次飞行的意义，我们从各个方面进行过讨论，意见归根到底就是：这次旅行不仅仅是我们三人的力量，也不仅仅是美国政府和产业的力量，也不仅仅是国家的力量。它是探索未知世界的人们的无尽的探求心使我们这样做的。我们把定为'阿波罗11号'，标记的徽章，当做我们三个人的共同心愿，精心地放到月面上。"

最后是阿姆斯特朗发言："致使我们这次飞行成功的是迄今为止在人类漫长的历史中探明宇宙真理的许许多多的科学家，从事阿波罗计划的所有人员、美国人民、政府和议会、产业界。现在，我向他们及观看这次电视节目的全世界观众表示崇高的谢意。"

这次电视转播，历时10分钟，于19时15分结束了。

对于三位宇航员来说，这是在"阿波罗11号"飞船的最后一夜。为了迎接严峻的重新进入大气层的行动，他们还必须彻底睡足8小时。

按照飞行计划，还要多次修正轨道，但是经过昨天的飞行，进入大气层的飞行轨道十分准确。宇宙飞船的进入角应在当地地平线的6.2°左右。航线飞行误差只允许1°，即飞行角度必须在5.2°到7.2°的范围内。如果飞船冲进大气层的角度小于5.2°，地球的引力就不足以将"阿波罗11号"拉入大气层，那么它就会掠过大气层的表层，重新飞回宇宙。等它再飞回来时，氧气就会用光，人员就难以生还。若角度大于7.2°，则飞船过于急速下降，会与大气层顶撞，因而被烧毁。不过飞船可以有把握地严格修正轨道，保持在准确的航道飞行。

"阿波罗11号"正常飞行着。随着地球逐渐接近，它的飞行速度剧增。距地球64000千米，速度每秒3.51千米。距离地球36000千米，速度为每秒5.2千米。预计在到达距地球120千米的大气层时，它的速度将达到每秒11千米。

7月24日中午12时17分，飞船已飞行了194小时45分，三位宇航员依次对飞船上的全部设备进行了最后的、生死攸关的检查后，阿姆斯特朗驾驶飞船进入与服务舱脱离的飞行状态。这时服务舱已完成它的使命。

5分钟后，中午12时22分进行脱离。他们点燃指令舱与服务舱之间的引爆管，抛弃了服务舱。然后，他们把指令舱掉了个头，使它的拱形防热罩正对着地球，宇航员们将脸朝后倒坐，进入了进入大气的飞行状态。而分离后的服务舱将以较大的进入角冲进大气层，燃烧殆尽。

中午12时35分，飞船以每秒约为11千米的高速进入地球大气层。它进入大气层的进入点是东经171.4度，南纬3.53度，米克朗尼西亚的吉尔伯特群岛的上空。这和预定的时间、地点完全一致。

飞船的航向是东北。它强大的冲力与大气产生强烈摩擦，使防热罩的温度高达3000度左右。火焰从指令舱底直窜到它的周围，还拖着一条长长的火尾，像一滴烧红的铁水，划破黎明前的夜空。进入大气层18秒后，指令舱周围的高温空气已使指令舱的电波不能传递，隔断了舱内人员同外部的电讯联络。预定通讯断绝时间约3分45秒。指令舱沿斜线下降减速飞行。

在联系中断之前，"阿波罗"跟踪船"汉次维耳号"

和"红石号"的任务是雷达跟踪和电讯联络。在离两艘船约2000千米处它就发现了返回地球的宇宙飞船，并且在联系中断时也一直掌握着飞船的方位。当飞船在这两船的东北方可视线消失后，"ARIA阿波罗"搜寻飞机用它的雷达天线接任了定向和中继任务。

指令舱继续下降，还有60千米。它开始受到空气的强大阻力。指令舱不断地调整姿势，利用空气阻力减低速度。这时宇航员开始受到强烈的比在月球时大6倍的重力影响。这一瞬间，他们发出"哼、哼"的声音，忍耐着巨大的压力。约30秒钟后，指令舱就像滑翔机一样，燕子飞掠般地在50～60千米高空，向水平方向忽上忽下地飞行。

在中断通讯联系后3分45秒，向水平方向飞行2分钟后，随着速度降低，火光减弱，与地面恢复联系，三位宇航员又听到了休斯敦指挥中心响亮的呼叫声。他们立即报告指挥中心："一切正常。"接着，他们开始划一个大弹道降落地球。这时，三位宇航员又一次受到强大的压力，他们面部痉挛，眼珠都快冒出来。

这时，在预定降落地点，美国配置了强大的捞救舰队，为了捞救三位宇航员和他们的飞船，共派遣了近7000名海军，9艘船只和54架飞机。

主要捞救船是长期服役的航空母舰"大黄蜂号"，它停泊在夏威夷西南方约1200千米的海面上。航空母舰上共有2200人。他们提出了"大黄蜂+3"这个口号,用此表达该船在返航时船上人员将比由珍珠港起航时增加3个人。

在"大黄蜂号"上专门设置了活动隔离室。返回地球的宇航员要在这个隔离室中被隔停3天,然后再到休斯敦的月球资料研究所去。

此外,"大黄蜂号"上还有一个迎接委员会,这是以前迎接任何其他宇航员所没有的。美国总统尼克松坐在舱顶的弹簧椅上,他的随员有美国国家航空和宇航局长托马斯·佩因博士等。他们乘坐直升机专程来这里,欢迎三位月球归来的宇航员。

世界上近百个国家约5亿人坐在电视机旁观看"阿波罗11号"的返航。至少有十几亿人在收音机旁收听实况播音员的描述。

"阿波罗11号"下降到8千米高空时,宇航员打开了小型副降落伞,然后在大约4千米高空打开三个大型主降落伞,使飞船速度减慢,徐徐地降落在太平洋上。

飞船是大头朝下进入水中的,这时宇航员们使舱顶的三个气球充气,不一会儿船舱就翻了过来。这时是7月24日12时49分。

当指令长阿姆斯特朗"我们已降落"的声音传到休斯敦指挥中心时,大家全体起立,雷鸣般的掌声经久不息,人们无比兴奋地握手祝贺。9天来,他们夜以继日地指挥着"阿波罗11号"的飞行，此时终于使它回归地球的怀抱，怎能不激动万分、热泪盈眶呢！

"阿波罗11号"降落后，"大黄蜂号"开足马力，驶向降落点。尼克松总统站在舰桥上，手里拿着望远镜，指着降落点，嘴里不知说些什么，看来，非常兴奋。

不一会儿，两架直升机飞到了降落地点，把"蛙人"放下水。他们驾驶橡皮艇，来到宇宙飞船那儿，先消毒密封舱。这是因为飞船首次从地球以外的天体飞回，很难说是否从月球带回各种细菌和病毒，因而必须进行严格的检疫和消毒。紧接着，一个"蛙人"打开舱门，给每个宇航员一套特制的防病菌的黑色隔离服，在密封舱的周围，用软管喷上一层茶色液体。舱口终于打开，宇航员每人带一只红色救生袋走出来。宇航员身上也撒了消毒药。他们互相抹擦消毒完毕后，爬上直升机，前往"大黄蜂号"。

这时在"大黄蜂号"上已做好了欢迎准备工作。当三位宇航员乘坐的直升机徐徐降落到"大黄蜂号"甲板上时，圣迪戈海军军乐队奏起雄壮的进行曲。直升机打开门，在欢迎人群热烈的掌声中，三位宇航员挥手致意，走进了隔离室。陪同的医生和两位技术员也一同走进隔离室。

总统会见的时候到了。当乐队奏响《向元首致敬》乐曲时，尼克松总统步履轻快地走到隔离室前面的地毯上。

通过麦克风和他们谈话。三位宇航员把脸贴到玻璃窗上。

"阿姆斯特朗，奥尔德林和柯林斯，我要你们知道，我想我是世界上运气最好的人，不单因为我有作为美国总统的光荣，我更有代表人们欢迎你们回到地球的特权。"

"我要告诉你们，我们在华盛顿收到100多个外国政府、皇帝和总统、总理和国王拍发的贺电。他们代表世界上20多亿人民，他们都有机会看到你们的成就。由于你们各位所取得的成就，全世界人民更加亲近了。"

接着尼克松总统又和宇航员谈棒球、世界新闻，他对宇航员妻子——"最伟大的夫人中的3位"的敬意，并邀请她们和宇航员参加一次国宴。

阿姆斯特朗代表三位宇航员做了回答，他说："谢谢您，总统先生。我们回来真是非常高兴，阁下那么客气，跑到这里来欢迎我们，我们感到非常非常光荣！我们盼望走出这个隔离室畅谈一切。"

"阿波罗11号"和它的三位宇航员在经历了8天3小时又22秒的非凡旅行后，安全地、健康地回到了地球上。

三位宇航员结束了月球旅行，但还不能立即回家去。他们待在"大黄蜂号"的移动隔离室里，随同它在珍珠港、夏威夷停留。空军运输机洛克希德C141型"星式升降机"在7月25日把移动隔离室空运至休斯敦的爱灵顿空军基地。三位宇航员和自己的家属也只是隔着玻璃会了一面，就被拖车送到载人宇航中心的月面资料研究所。他们将在那里度过一段与外界完全隔绝的生活。

月球资料研究所是美国国家航空和宇航局专门为接待月球归来者而耗费巨资建造的豪华型建筑物。其中设有宽敞舒适的隔离室及图书室、娱乐室和实验研究室等。三位宇航员及其宇宙飞船、采集的样品等要在这里与外界隔离，曾与宇航员接触的医生、工作人员及研究人员也不例外。

这里采取了严格的隔离措施。墙壁、房顶和地板都是密封不透气的。呼吸用的空气完全是经空调装置过滤的。呼出之后，在吹入空间之前同样经过多次过滤。所有残渣和尘屑物在离开之前都要经过生物柜干热消毒灭菌。在总的隔离区内，对外界稍小的压力也要控制，以致在漏气时不至于把含有感染病菌的内部空气扩散到外面，而外面的空气则可向内流入。月球资料研究所的生活条件尽管十分优越，还有各种各样鲜美可口的食品享用，可宇航员还是不愿待在这里，他们十分想念家人和朋友，急着想出去。

研究所里的研究人员、医生和工作人员理解宇航员的心情，每天都繁忙地工作着，做各种各样的试验、研究。医生每天对宇航员的身体进行严格检查，大小便也要检查。经过两周的一系列的检查、试验和研究，结果没有发现任何异常。8月10日，三位宇航员终于可以回家了。

# "阿波罗12号"重返月球

美国国家航空和宇航局在"阿波罗11号"登月成功以后，继续执行人类登月的计划：登月飞行将每隔四个月进行一次，共有十次在月球上不同地点着陆。在"阿波罗11号"飞船发射四个月后，美国按计划发射了"阿波罗12号"宇宙飞船。执行这次飞行任务的三位宇航员是指令长康拉德、指令舱驾驶员戈登和登月舱驾驶员比恩。"阿波罗12号"的总目标是月面上以"风暴洋"闻名的一片起伏的平原地带。选定的降落地点在首次登月的静海基地以西大约1530千米的赤道下边。

两年以前，美国发射的无人探测器"测量员3号"曾抵达这个地方，它应该还在那里，此行的目的之一，便是要降落在它的附近，可以视察它，回收它的部件。

"阿波罗12号"在1969年11月14日从肯尼迪宇航中心发射。发射前的准备工作非常顺利。可发射那天早晨，卡纳维拉尔角的上空乌云密布，给发射工作带来了困难。由于此前有人驾驶的宇宙飞船从未在雨中发射过，第一次到现场参观"阿波罗"发射的尼克松总统，似乎要失望了。可是等视察飞机报告云里没有电以后，倒数继续进行下去。

"土星5号"火箭在上午11时22分准时点火，"阿波罗12号"在怒吼声中，腾空而起，进入低垂的乌云中。这时乌云里突然出现两道闪电，强大的闪电将宇宙飞船制导系统的主要部分击断了。同时飞船的电力系统关闭了，仪表盘上发出了警告的闪光。宇航员们暂用电池组供给动力的后备系统替代，然后他们安装好断路器，排除了险情。此后，他们的登月旅程可以说是很顺利的。

经过了和"阿波罗11号"大致相同的过程，"阿波罗12号"的登月舱于1969年11月19日在月面的"风暴洋"的东南部，即南纬3°2'21"、西经23°24'58"的地方，成功地进行了精确定位着陆。降落地点距1967年4月19日在月面软着陆的月球探测器"测量员3号"只有18米。

康拉德和比恩走出登月舱，下到月面上，相隔4个月，人类又回到月球上来了。康拉德和比恩在月面上逗留了31小时32分。在这期间，他们进行了两次月面活动：第一次康拉德活动了4小时4分，比恩活动了3小时30分；第二次康拉德活动了3小时49分，比恩活动了3小时20分。

康拉德在上午6时45分开始第一次月面行走。他在登月舱的梯脚处，只见以前的"测量员"还在坑穴边上。它的电池组、摄影机和通讯设备都已经失灵了，但其构造和外形并无多大改变。此时他们先要安放若干科学仪器。他们来到距离降落点约300米处，安放了一批仪器。这仪器是以原子能电池作为电源的，随时都能向地球发送资料。

他们的第二次4小时左右的月面活动，是人类在月球上的第一次"自然徒步旅行"走的路线是经过详细研究后确定的。他们走到离登月舱较远的地方，在山坑穴处采集了一些月岩标本。在一个形状像雪人似的地方，试验月震验震器的效果。验震器送到地球的无线电讯号，显示它们已记录到轻微的震动。他们走到被遗弃的"测量员"那里，回收了它的摄像机和一些部件，准备带回地球。供专家检查研究，看看这些暴露在月球环境里两年多的物质，究竟发生了什么变化。这可以帮助他们设计未来的宇宙飞船和月球基地的机械。

完成月面工作后，两位宇航员回到登月舱，并发动火箭升离月面，与指令舱里的戈登重新会合。回到母船以后，他们把不再需要的登月舱的上升段抛向月面，作了人造月震的试验。然后，他们踏上返回地球的旅程，于11月24日在太平洋安全顺利降落。

# "阿波罗13号"登月遇险

　　1970年4月11日，美国发射了"阿波罗13号"宇宙飞船。飞船计划在月球上的弗拉·摩洛地区降落，宇航员的目的是勘探那里的火山口及古老的月岩。由于飞船在飞行途中发生严重故障，他们的目的没有实现，原定的一次勘探月球的航程，结果倒成了一次逃生的航程。

　　"阿波罗13号"的指令长洛弗尔，是一位42岁的海军上校，老资格的宇航员，技术纯熟且经验丰富，是当时参加太空飞行时间最长的人。登上"阿波罗13号"以前，他已有572小时太空飞行的经历了。指令舱驾驶员是斯威加特，登月舱驾驶员是海斯。

　　"阿波罗13号"发射后，起初两天半的飞行还是顺顺利利的。直到它飞行了55小时54分，即4月13日午后10时7

分，那时三位宇航员刚刚演完一个轻松的电视节目。这时他们已经飞离地球大约有30万千米了。突然，"呼"的一声巨响，服务舱发生了爆炸。指令舱内的红色和黄色的报警灯立刻闪亮。同样的灯也在休斯敦指挥中心闪亮，显然飞船发生了重大事故，飞行控制室马上紧张起来。他们在无线电上听到海斯说："我们听到很大的一声巨响。我们肯定碰到一个大难题了！"

发生爆炸的"阿波罗13号"飞船上，情况更是万分危急。坐在指挥舱座位上的海斯看见仪表盘上的一半电器系统的电压已降落到零度。指令长洛弗尔看到窗外有股气流急速冲出，他马上向地面汇报放出来的原来是氧气，服务舱里的一个储氧器爆炸了，另一个损坏了，宝贵的氧气正从飞船中出去。由于大量漏气，冲出的气流产生了乱射火箭似的效果，使飞船不稳定了，头部下沉和滚动起来，紧接着又发现3个燃料电池有两个失灵。

三位宇航员的处境十分危险。他们的氧气供应可能因泄漏而中断。他们还可能没有足够用的水和电。此外，他们也可能因为机械故障而无法操纵这只已损坏了的飞船。它可能偏离航道，撞毁在月球上，或者可能掠过地球而失踪，也有可能在重返地球大气层的时候被烧毁。在这危急时刻，地面指挥中心只有一个想法：必须想尽一切办法营救三名宇航员，使他们安全地返回地球。美国宇航局当即作出中止登月，全力以赴返回地球的决定。

地面指挥人员跟三位宇航员讨论了技术性问题，共同作出了如下返航计划：乘员组离开指令舱呆在登月舱内；耗电力少的登月舱将负责导航飞船；当飞船接近地球的时候他们再回到指令舱，抛弃登月舱，然后重返大气层，在指令舱中降落。

按照回航计划，洛弗尔和海斯从指令舱进入登月舱，斯韦加特留在指令舱里，他要赶紧做两件事：一是将服务舱里的氧转输到指令舱里的一只后备箱里，以供给指令舱重入大气层之用；二是将应急电池组连接自动器械，以便在登月舱的航行设备能够发动以前，使自动器械继续操作。做完上述工作后，斯韦加特立刻关闭电池组电力，留备重返地球用，然后进入登月舱。在地面的训练中，他们用登月舱当做救生艇已经排练过许多次，这次却是真的用上了。飞行指挥人员和宇航员都明白不容稍有错误，若是登月舱的重要系统现在再发生故障，三位宇航员就没有逃生的机会了。在三位宇航员进入登月舱的同时，地面指挥人员利用计算机在他们危险的旅途中帮助他们，替他们出主意，想办法。大约有一万名科学家、宇航员、专家和其他工程技术人员参与了这项营救工作。

由于飞船这时已飞离地球太远，事实上飞船已飞近月球，要它抗拒月球的引力立刻返航，那将需要消耗大量的火箭动力。所以地面指挥中心作出决定：飞船仍旧绕月飞行，选择一条更正确的重返地球路线返回地球。为此，三位宇航员驾驶飞船从月球背后转过来用太阳笔直对准飞船的一个窗口的办法，确定好飞行路线，发动火箭转向地球飞回来。这是时间和登月舱一路减少的氧、水及电存量的一种竞赛。这时他们所依赖的是登月舱的有限的电力、水和氧，那是只供两个人在月球上短时间用的。洛弗尔后来承认，他们那时也曾怀疑是否能够生还。

回航途中，飞船里的条件极其恶劣，尤其是飞船的加热器没有了电，寒冷令人难以忍受。宇航员裹上额外的内衣，还冻得受不了，难以入睡，身体几乎快要冻僵了。寒冷和疲倦使宇航员有两次无意中用了错误操纵装置。尤其是在最后度过的几个小时，不得不服食兴奋丸来维持。他们更为担心的是重入大气层时会有仪器冻得无法使用。

1970年4月17日，是多灾多难的"阿波罗13号"将要降落地球的日子。全世界都在焦急地等待着。美舰"硫黄岛号"在南太平洋做好准备，等待飞船降落。若"阿波罗13号"远离预定目标降落，有十三个国家，包括当时的苏联在内，都提供舰船飞机协助救援。

在重入地球大气层以前，洛弗尔在登月舱里发动它的四个喷射器，将宇宙飞船推向前。然后，斯威加特操纵重新开动起来的指令舱，爆发炸药螺栓，使指令舱和服务舱分开，接着，洛弗尔再发动一次火箭引擎，将宇宙飞船的其余部分从服务舱退开，使它们离开服务舱一段距离。当他们把飞船绕过来时，这才第一次看到服务舱损坏的情形。洛弗尔报告说："服务舱有一边完全不见了。"他又说损坏最厉害的部分，在飞行器底部的天线附近。

斯威加特将指令舱制导系统的电打开了.看到电力充足，他才放心了。谢天谢地，电子仪器总算没因寒冷而损坏。这时洛弗尔和海斯也从登月舱爬进指令舱里来，关好舱门，然后将登月舱分离抛弃。至于剩余的飞行，重入大气层和降落海面等都是常规而安全的工作了。

4月17日下午1时7分，"阿波罗13号"的三位宇航员，度过了重重的危险，在太平洋安全降落。他们又回到大地母亲的怀抱。在降落以后，尼克松总统曾和三位宇航员会晤，并向他们致意。

# 其他几次登月探险

经历了"阿波罗13号"的惊险飞行之后，为了确保飞行的安全和登月任务的顺利完成，美国宇航局决定修改"阿波罗"飞船每隔4个月发射一次的原订计划，以便他们有充分的时间着手改进飞船的安全性。

科学家和工程师对"阿波罗"飞船作了十多处修改。把由于制作疏忽造成"阿波罗13"号故障的缺点彻底除去。他们增设了第三个储氧器，并和服务舱的两个储氧器隔开；安装了一个额外的高能电池组以备紧急发电用，重新设计了储氧器，并将储氧器的线路封藏在金属线管里。改进的"阿波罗14号"飞船完成后，又进行了详细的检查和试验。为了准备"阿波罗14号"的飞行，他们共用了10个月左右的时间。

在"阿波罗13号"发射九个月以后，"阿波罗14号"发射的准备工作已近尾声。1971年1月下旬，尝试人类第三次降落月球的"阿波罗14号"的倒计时工作，在一种异乎寻常的令人担忧的气氛中开始了。虽然这时"阿波罗13号"的爆炸已经过去好久了，可是那次惊险的飞行人们仍未忘怀，那次失败的阴影仍笼罩在"阿波罗14号"的工程师、专家及宇航员的心头。

1971年1月31日，"阿波罗14号"从肯尼迪宇航中心发射，预计在月球风暴洋东岸的弗拉．摩洛高地登陆，也就是上次给"阿波罗13号"选定的降落地点。

"阿波罗14号"飞船的三位宇航员，一位是47岁的指令长谢泼德。他是美国第一个到太空去的人。后来因为患有美尼尔氏病，没有参加双子座和"阿波罗"计划的早期飞行。1968年经外科手术消除了病症，才使得他有机会参加这次登月飞行。另一位是37岁的指令舱驾驶员罗塞。他是空军少校和试飞驾驶员。还有一位是40岁的登月舱驾驶员米切尔。他是一位海军中校，此前曾在麻省理工学院获得航空学和宇航行学博士学位。

在"阿波罗14号"飞行前，人们对此行的忧虑和担心好像是有什么预见似的。"阿波罗14号"开始飞行不久，就遇到了第一个麻烦。当时飞船刚刚离开地球的轨道，宇航员按计划拆离了登月舱，改变它的位置，然后使它与指令舱重新对接，然而在对接中遇到了很大困难。宇航员将指令舱接上登月舱的连接环时，活栓总是关不上。他们作了五次对接都没有成功，每次活栓都关不上。他们把情况向指挥中心报告了，并同指挥中心讨论了这个技术问题，决定再试一试。在第六次对接时终于取得成功了。

指挥中心这时候要做出一个十分困难的决定：继续把他们送上月球是否明智？登月后可能会发生同样的麻烦，他们也许跟母船对接不上。这样，那两位降落月球的宇航员就永远也回不来了。指挥人员考虑到了这些困难和危险，针对可能发生的故障，制定出了解决的可行办法。三位宇航员也在飞船内做试验，设法找出引起故障的原因。他们肯定那不是机械毛病，指挥中心认为危险性不大，决定继续飞行；三位宇航员都很高兴，驾驶飞船继续飞往月球。

2月5日清晨，他们到了月球上空。谢泼德和米切尔准备登月。他俩进入登月舱，使登月舱和母船分离。然后，谢泼德和米切尔准备发动火箭降落，这时又发生了第二个神秘问题。

飞行管理员仔细检查"阿波罗14号"登月舱用无线电送回的资料时，发现登月舱的中途放弃飞行开关发出一种假信号给登月舱的主要计算机。这个开关本来只有在宇航员因为某种故障想中止飞行时，才能使用它。虽然这个开动错了的开关并不危害到宇航员，但在下降火箭启动之后，如果它送出一个假信号，则可能会阻止登月舱降落。

必须设法补救，尽快排除这一故障。飞行指挥中心的和麻省理工学院及卡纳维拉尔角的工程师和导航专家，用电话讨论，最后决定采取一种智胜开关的办法。他们立即动手编制了一套计算机指令，先在模型机里试验过。然后他们让"阿波罗14号"的宇航员在开始下降月球以前，将他们新编制的"应急计划"输入指导计算机。

"阿波罗14号"登月舱的降落再没有出现任何麻烦。2月5日上午4时18分，登月舱在预定降落地点——月球赤道附近的弗拉·摩洛高地上（南纬3°40'，西经17°29'）顺利着陆。

着陆后，上午9时49分，宇航员打开登月舱的舱门，开始了此行的第一次月面活动。他们安放了月面实验装置，进行了各种试验。这时，他们发现，已过了一年多，"阿波罗12号"的月面实验装置，仍在工作；预计"阿波罗14号"的实验装置寿命会更长，工作会更好。这次月面活动共用了4小时40分。

2月6日清早，谢泼德和米切尔开始了第二次月面活动。他们做了将近3千米的长途步行，采集了一些岩石和月面尘土样品。他们拉着一辆两个轮子的手推车，把采集的岩石装在车上拉着走。步行途中，他们观察了许多坑穴，发现了一些与"阿波罗11号"和"阿波罗12号"宇航员见到的完全不同的岩石，还发现了有裂隙的和侵蚀了的岩石。他们分别取了样品。他们还走到一块巨大的砾石跟前，从巨砾上削下一小块作为标本。他们精心采集了一些可能是月球内部深处的岩石标本。他们共采集了岩石及月面尘土标本42.75千克，带回登月舱。

在第二次月面活动结束的时候，谢波德决定在月球上做一个有趣的游戏。他拿出一个高尔夫球，用挖掘工具的柄去打它。由于月球的引力很小，高尔夫球打到了很远的地方。他享受了有史以来第一次打月面高尔夫球的乐趣。

两位宇航员顺利完成月面工作后，在下午1时49分他们开动上升火箭，从月面起飞.到了等待轨道与母船会合。令人宽慰的是，他们第一次就对接成功，那天发生过的麻烦总算没有再度发生，接下来的三天回航是十分顺利的旅程。飞船在2月9日安全降落在中部太平洋上，一次令人担忧的登月飞行终于大功告成了。

几个月以后，"阿波罗15号"载着指令长斯科特，指令舱驾驶员沃登和登月舱驾驶员欧文，于1971年7月26日发射升空。在飞往月球途中，表明服务舱的主火箭的燃料阀发生故障的警告灯曾经亮过，但经查明这是警告灯的错误。以后飞行顺利。登月舱载着斯科特和欧文，平安地降落在"雨海"西边的亚平宁山哈德利峡谷，这是第一次在远离月球赤道的地方降落。

"阿波罗15号"的登月舱里，载有一辆有四个轮子的月球车。这是一辆造价800万美元的特制机动车。它长约3米，是电动的，由蓄电池供电。它的车轮与众不同，每个轮子都有二台电动机，前轮和后轮都装有舵，车上还装有各种科学仪器，使用相当方便。车子可以装几吨岩石。

斯科特和欧文驾驶着月球车，在月球上探测。他们使用车上的仪器进行多种新的科学化验和实验；并经常走出月球车，采集岩石，装进车里，再运回登月舱。

两位宇航员在月面逗留了66小时55分.进行了三次月面活动。第一次活动了6小时34分14秒，第二次活动了7小时12分43秒，第三次活动了4小时50分9秒，合计达18小时37分6秒。月球车行走的距离分别是：第一次5.1千米，第二次12.7千米，第三次10.3千米，合计28.1千米。宇航员离开登月舱的距离是9.5千米。他们的月面活动都由月球车上的彩色摄像机记录下来并且发回地球，使人们可以从电视上看到。

指令长斯科特还开设了历史上第一个月面邮局，打上纪念邮票的邮戳，并作了伽利略的自由落体实验：在真空状态下铁锤和羽毛以相同的速度下落。

两位宇航员还发放了一颗小科学卫星，这颗卫星从月球轨道继续播送资料好几个月。

在返回地球途中，欧文在距离地球315000千米的"深宇宙"进行了40分钟的宇宙游泳。

"阿波罗15号"于8月7日平安降落。它的总飞行时间是295小时12分，带回的月面岩石标本77千克。

"阿波罗16号"在1972年4月16日起飞，登月地点是月球中央高地的笛卡儿高地。它在月球赤道南大约482千米的地方。三位宇航员分别是指令长约翰·杨、指令舱驾驶员马丁利，登月舱驾驶员杜克。由于发生故障，他的使命几乎失败。

在准备登月时，两位宇航员进入登月舱后。留在指令舱的马丁利拆离了登月舱，看着它飘走。他正要点燃上升发动机把指令舱射人等待轨道，突然一个信号显示机械出了故障。他不敢启动，怕飞船进错轨道。那样宇航员们可能永远也回不到地球上了。

休斯敦指挥中心的指挥员有些惊慌，有人想令宇航员直接返回，但是指挥中心最后决定先做实验再定。宇航员绕月球一圈又一圈地飞行了几个小时，同时，地面的科学家们用模拟器作了各种测试和实验，结果表明宇航员没有危险。指挥中心于是下达了登月的命令。

两位宇航员登上月球，在月面上度过了繁忙的三天。他们使用月球车进行了科学考察，收集岩石，进行科学试验。他们采集了月岩样品95.5千克，还拾到46亿年前的结晶岩。此外，他们还将一颗小科学卫星顺利送进月球轨道。完成任务后，他们于4月27日顺利返回地球。

1972年12月7日午夜过后半小时，又一艘阿波罗飞船——"阿波罗17号"从卡纳维拉尔角起飞了。这是飞船第一次在夜晚发射。当巨大的"土星5号"火箭推动飞船飞向天空时，突发的亮光给卡纳维拉尔角的天空带来了黎明的假象。人们在很远的地方都可以看到闪闪发光的橙色火焰。随着飞船的升高，北到北卡罗来纳，南到古巴都能看到一条火柱，景象真是壮观极了。

"阿波罗17号"由驾驶过"双子座9号"，和"阿波罗10号"的经验丰富的宇航员塞尔南担任指令长。指令舱驾驶员是伊文思。登月舱驾驶员是施密特。施密特是一位地质学家，在美国地质调查所从事研究工作。他是"阿波罗"机组人员中唯一的一位科学家。

"阿波罗17号"的指令舱命名为"美洲号"，登月舱命名为"挑战者号"。

塞尔南和施密特于12月11日乘"挑战者号"在月面的陶拉斯·特利罗山脉着陆，顺利登上了月球。他们这次的使命是六次登月中最重要的。他们在月球上建立了一个核动力实验站，其电子仪器可收集有关月球的科学资料，并把信息送回地球；他们还用仪器探测了重力波；最后，他们还得驾驶月球车，探索月球，考察了月球的高山峡谷地区。

有一次，他们驱车16千米，这是在月球上行车最长的一次。在考察过程中，他们精心采集了一些岩石、土壤样品，用月球车带回登月舱。

有一天，他们在月面步行，探索一个坑穴。一个宇航员查看月面，发现了浮土下面的橘黄色土壤。这一发现使他们十分惊喜。他们赶紧挖了个洞，看到下面的土也呈橘黄色。这一振奋人心的发现表明月球上曾经有过水。宇航员采集了一些橘黄色土的样品带回地球供科学家们研究。

两位宇航员在月面逗留了74小时59分，在月面活动了22小时5分钟，采集岩石及土壤样品115千克。

完成月面工作任务后，两位宇航员乘"挑战者号"飞离月球，与"美洲号"会合、对接。然后带着他们的珍宝飞返地球。12月19日，"阿波罗17号"在南太平洋平安降落，三位宇航员胜利地返回了地球。

"阿波罗17号"的总飞行时间为301小时52分，是"阿波罗"计划中最长的。它的两位宇航员在月面停留的时间和月面活动的时间在"阿波罗"计划中也都是创最高纪录的。

"阿波罗"计划伴随着"阿波罗17号"的胜利凯旋而结束了。它所带来的巨大的成果却将永远地为人类造福。

"阿波罗"计划的成功是人类科学的最辉煌结晶，将永载科学史册。

# 世界五千年科技故事丛书

01. 科学精神光照千秋 ： 古希腊科学家的故事
02. 中国领先世界的科技成就
03. 两刃利剑 ： 原子能研究的故事
04. 蓝天、碧水、绿地 ： 地球环保的故事
05. 遨游太空 ： 人类探索太空的故事
06. 现代理论物理大师 ： 尼尔斯·玻尔的故事
07. 中国数学史上最光辉的篇章 ： 李冶、秦九韶、杨辉、朱世杰的故事
08. 中国近代民族化学工业的拓荒者 ： 侯德榜的故事
09. 中国的狄德罗 ： 宋应星的故事
10. 真理在烈火中闪光 ： 布鲁诺的故事
11. 圆周率计算接力赛 ： 祖冲之的故事
12. 宇宙的中心在哪里 ： 托勒密与哥白尼的故事
13. 陨落的科学巨星 ： 钱三强的故事
14. 魂系中华赤子心 ： 钱学森的故事
15. 硝烟弥漫的诗情 ： 诺贝尔的故事
16. 现代科学的最高奖赏 ： 诺贝尔奖的故事
17. 席卷全球的世纪波 ： 计算机研究发展的故事
18. 科学的迷雾 ： 外星人与飞碟的故事
19. 中国桥魂 ： 茅以升的故事
20. 中国铁路之父 ： 詹天佑的故事
21. 智慧之光 ： 中国古代四大发明的故事
22. 近代地学及奠基人 ： 莱伊尔的故事
23. 中国近代地质学的奠基人 ： 翁文灏和丁文江的故事
24. 地质之光 ： 李四光的故事
25. 环球航行第一人 ： 麦哲伦的故事
26. 洲际航行第一人 ： 郑和的故事
27. 魂系祖国好河山 ： 徐霞客的故事
28. 鼠疫斗士 ： 伍连德的故事
29. 大胆革新的元代医学家 ： 朱丹溪的故事
30. 博采众长自成一家 ： 叶天士的故事
31. 中国博物学的无冕之王 ： 李时珍的故事
32. 华夏神医 ： 扁鹊的故事
33. 中华医圣 ： 张仲景的故事
34. 圣手能医 ： 华佗的故事
35. 原子弹之父 ： 罗伯特·奥本海默
36. 奔向极地 ： 南北极考察的故事
37. 分子构造的世界 ： 高分子发现的故事
38. 点燃化学革命之火 ： 氧气发现的故事
39. 窥视宇宙万物的奥秘 ： 望远镜、显微镜的故事
40. 征程万里百折不挠 ： 玄奘的故事
41. 彗星揭秘第一人 ： 哈雷的故事
42. 海陆空的飞跃 ： 火车、轮船、汽车、飞机发明的故事
43. 过渡时代的奇人 ： 徐寿的故事

44. 果蝇身上的奥秘 ：摩尔根的故事
45. 诺贝尔奖坛上的华裔科学家 ：杨振宁与李政道的故事
46. 氢弹之父—贝采里乌斯
47. 生命，如夏花之绚烂 ：奥斯特瓦尔德的故事
48. 铃声与狗的进食实验 ：巴甫洛夫的故事
49. 镭的母亲 ：居里夫人的故事
50. 科学史上的惨痛教训 ：瓦维洛夫的故事
51. 门铃又响了 ：无线电发明的故事
52. 现代中国科学事业的拓荒者 ：卢嘉锡的故事
53. 天涯海角一点通 ：电报和电话发明的故事
54. 独领风骚数十年 ：李比希的故事
55. 东西方文化的产儿 ：汤川秀树的故事
56. 大自然的改造者 ：米秋林的故事
57. 东方魔稻 ：袁隆平的故事
58. 中国近代气象学的奠基人 ：竺可桢的故事
59. 在沙漠上结出的果实 ：法布尔的故事
60. 宰相科学家 ：徐光启的故事
61. 疫影擒魔 ：科赫的故事
62. 遗传学之父 ：孟德尔的故事
63. 一贫如洗的科学家 ：拉马克的故事
64. 血液循环的发现者 ：哈维的故事
65. 揭开传染病神秘面纱的人 ：巴斯德的故事
66. 制服怒水泽千秋 ：李冰的故事
67. 星云学说的主人 ：康德和拉普拉斯的故事
68. 星辉月映探苍穹 ：第谷和开普勒的故事
69. 实验科学的奠基人 ：伽利略的故事
70. 世界发明之王 ：爱迪生的故事
71. 生物学革命大师 ：达尔文的故事
72. 禹迹茫茫 ：中国历代治水的故事
73. 数学发展的世纪之桥 ：希尔伯特的故事
74. 他架起代数与几何的桥梁 ：笛卡尔的故事
75. 梦溪园中的科学老人 ：沈括的故事
76. 窥天地之奥 ：张衡的故事
77. 控制论之父 ：诺伯特·维纳的故事
78. 开风气之先的科学大师 ：莱布尼茨的故事
79. 近代科学的奠基人 ：罗伯特·波义尔的故事
80. 走进化学的迷宫 ：门捷列夫的故事
81. 学究天人 ：郭守敬的故事
82. 攫雷电于九天 ：富兰克林的故事
83. 华罗庚的故事
84. 独得六项世界第一的科学家 ：苏颂的故事
85. 传播中国古代科学文明的使者 ：李约瑟的故事
86. 阿波罗计划 ：人类探索月球的故事
87. 一位身披袈裟的科学家 ：僧一行的故事